建筑科普丛书

中国建筑学会　主编

# 建筑之美

### 祁　斌　著

中国建筑工业出版社

# 建筑科普丛书

策　　划：仲继寿　顾勇新

策划执行：夏海山　李　东　潘　曦

**丛书编委会：**

主 任 委 员：修　龙

副主任委员：仲继寿　张百平　顾勇新　咸大庆

编　　　委：（以汉语拼音为序）

　　　　　　陈　慧　李　东　李珺杰　潘　蓉

　　　　　　潘　曦　王　京　夏海山　钟晶晶

# 总　序

　　建筑学是一门服务社会与人的学科，建筑为人们提供了生活、工作的场所和空间，也构成了人们所认知的环境的重要内容。因此，中国建筑学会一直把推动建筑科普工作、增进社会各界对于建筑的理解与认知作为重要的工作内容和义不容辞的责任与义务。

　　建筑是人类永无休止的行动，它是历史的见证，也是时代的节奏。随着我国社会经济不断增长、城乡建设快速开展，建筑与城市的面貌也在发生日新月异的变化。在这个快速发展的过程中，出现了形形色色的建筑现象，其中既有对过往历史的阐释与思考，也有尖端前沿技术的发展与应用，亦不乏"奇奇怪怪"的"大、洋、怪"建筑。这些现象引起了社会公众的广泛关注，也给建筑科普工作提出了新的要求。

　　建筑服务于全社会，不仅受命于建筑界，更要倾听建筑界以外的声音并做出反应。再没有像建筑这门艺术如此地牵动着每个人的心。建筑，一个民族物质文化和精神文化的集中体现；建筑，一个民族智慧的结晶。

　　建筑和建筑学是什么？我们应该如何认识各种建筑现象？怎样的建筑才是好的建筑？这是本套丛书希望帮助广大读者去思考的问题。一方面，我们需要认识过去，了解我国传统建筑的历史与文化内涵，了解中国建筑的生长环境与根基；另一方面，我们需要面向未来，了解建筑学最新的发展方向与前景。在这样的基础上，我们才能更好地欣赏和解读建筑，建立得体的建筑审美观和赏析评价能力。只有社会大众广泛地关注建筑、理解建筑，我国的建筑业与建筑文化才能真正得到发展和繁荣，才能最终促进美观、宜居、绿色、智慧的人居环境的建设。

本套丛书的第一辑共6册，由四位作者撰写。著名的建筑教育家秦佑国教授，以他在清华大学广受欢迎的文化素质核心课程"建筑的文化理解"为基础，撰写了《建筑的文化理解——科学与艺术》《建筑的文化理解——文明的史书》《建筑的文化理解——时代的反映》3个分册，分别从建筑学的基本概念、建筑历史以及现当代建筑的角度为读者提供了一个认知与理解建筑的体系；建筑数字技术专家李建成教授撰写了《漫话BIM》，以轻松明快的语言向读者介绍了建筑信息管理这个新生的现象；王召东教授的《乡土建筑》，则展现了我国丰富多元的乡土建筑以及传统文化与营造智慧。资深建筑师祁斌撰写的《建筑之美》，以品鉴的角度为读者打开了建筑赏析的多维视野；本套丛书后续还将有更多分册陆续推出，讨论关于建筑之历史、技术与艺术等各个方面，以飨读者。

总之，这套建筑科普系列丛书以时代为背景，以社会为舞台，以人为主角，以建筑为内容，旨在向社会大众普及建筑历史、文化、技术、艺术的相关知识，介绍建筑学的学科发展动向及其在时代发展中的角色与定位，从而增进社会各界对于建筑的理解和认知，也积极为建筑学学生、青年建筑师以及建筑相关行业从业人士等人群提供专业学习的基础知识，希望能够得到广大读者的喜爱。

# 前　言

建筑是生活的艺术。

建筑之美无处不在，如同生活的乐趣无处不有。发现建筑之美在于有一双关注生活的眼睛，在于感悟生活的点滴、发现生活给予世界的精彩。

建筑是生活的容器。

与其说建筑是生活的机器，不如说建筑是生活的容器，是恰如其分展现生活生动和精彩的容器。生活给予世界丰富的素材，产生了多样艺术，也成就了建筑艺术之美。各个时期、不同地域、文化背景下的生活在建筑上留下独特的印记，让每个建筑作品展现出独一无二的艺术魅力，也体现出不同生活的意义。得体、恰当而又超越地展现生活的精彩是建筑之美最真实、最动人的一面。

建筑之美来自创造力。

创造力是人类进步最伟大的促动力量。人类孜孜不倦、不断前行的创造力产生了艺术，也产生了建筑和建筑的独特之美。品评建筑之美需要读懂建筑形式之下创造力的魅力，理解蕴含在建筑艺术中技艺与人文精神之美。无论在远古，在现代，在东方，在西方，还是在广袤自然或都市丛林，建筑艺术记录着人类进步的脚印，闪耀着人类文明的光辉，凝聚着社会的人文精神，让各个时期技术、艺术的成就在建筑上呈现出星河般的璀璨，一部建筑艺术史就是一部物化的人类文明史。

# 目 录

第一章

艺术与建筑之美

埏埴以为器　当其无　有器之用

凿户牖为室　当其无　有室之用

故有之为利　无之为用

——老子

# 艺术与建筑

## 艺术、美术与建筑

1. 艺术

艺术是人们对世界的一种感知方式。

"艺术"相对来讲是一个广义的概念。在古希腊文中，称艺术为"technē"，意指与自然相对的事物，以及人类以知识为基础所从事的一般性活动。绘画、雕塑、建筑、文学、音乐、戏剧、舞蹈、电影等都被视为艺术的范畴。

各种艺术都源于人们对世界的感情、见解和经验的情感化表达，也是一种审美表达。人们以不同的方式感知不同的艺术形式，通过感知艺术认识世界，也同时包含着对自己的认识。

艺术理论家对于艺术的门类提出过不同的分类方法。德国数学家、天文学家莫比乌斯（August Ferdinand Mobius，1790—1868）提出，艺术有三：

- 建筑艺术——凡关形体者属之；
- 音乐艺术——诗歌、跳舞、戏剧属之；
- 拟容艺术——雕刻图画属之。

著名的建筑理论家奥古斯特·施马索夫（August Schmarsow，1840—1926）则对艺术门类提出以下分类：

- Music 和 Plastic（雕刻）为具体的艺术；
- Architecture（建筑）为空间的艺术；
- 图画为二者之调和，故造型艺术以图画为最高。[①]

---

① 见宗白华《宗白华讲稿》。

美学家宗白华先生（1897—1986）对艺术及美学门类的基本划分：

- 建筑与音乐为主观的；
- 雕刻为客观的；
- 图画与诗歌兼主客二观。

对于艺术门类的划分并没有单一的标准，尤其对于现代、当代各类艺术类型，由于其表现形式越来越多样，各类艺术形式相互之间的融合、交叉越来越丰富，使得艺术的分类变得越来越困难，越靠近当代的艺术类型，分类就越复杂而更具有争议。

根据表现手段和方式的不同，一般来讲，艺术可以分为（图1-1）：

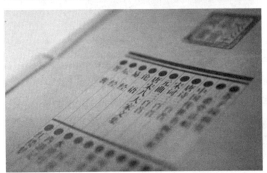

图1-1

左上：表演艺术；右上：视觉艺术；左下：语言艺术；右下：综合艺术

- 表演艺术（音乐、舞蹈、戏剧等）；
- 视觉艺术（绘画、雕塑、建筑等）；
- 语言艺术（文学等）；
- 综合艺术（电影、电视、歌剧、音乐剧等）。

2. 美术

"美术"相对来讲是狭义的概念，仅是艺术的表达形式之一，一般是指以绘画、雕塑为核心的视觉造型艺术，也就是艺术类型中以视觉形象传达为主要表达方式的艺术形式。如果广义地理解美术，其实涵盖了除语言艺术之外的所有艺术类型。

关于艺术与美术的中英译名也有不同，一般来说"艺术"的英文为 Art，美术则以 Fine Arts 来表示。

- 艺术——Art；
- 美术——Fine Arts。

最新出版的《中国美术全集》（人民美术出版社，2015 年版），将中国美术分为以下五大门类（图 1-2）：

- 绘画；
- 雕塑；
- 工艺美术；
- 建筑艺术；
- 书法篆刻。

3. 建筑

无论艺术和美术的定义、范畴有多少争议，大家都无一例外地将建筑列为自身体系中的一个门类。

古希腊哲学家柏拉图（Plato，公元前 427—公元前 347）将技艺分为三类：模仿类、工艺或建造类和冶养类。诗歌、音乐、绘画、舞蹈和雕塑都属于模仿类，它们都属于"模仿"的不同形式，

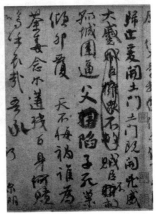

图 1-2

左上：绘画；右上：建筑艺术；左下：雕塑；中：工艺美术；右下：书法篆刻

唯独工艺美术和建筑未被列入其中。这反映了哲学家对建筑创造性价值的一种认同。

建筑，一般是指建筑物和构筑物的全称，是人类用物质材料建构的活动和居住场所的总称。建筑（图 1-3）在英文中有 Architecture、Building、Construction 等不同的表达方式。一般来讲，Architecture 是一个更广泛的概念，包含了建筑个体和建筑学的双重含义，其拉丁文的原意是"巨大的工艺"。建筑学是独立于一般艺术类型的一门单独艺术类型和技术学科，是艺术和技术相结合的产物，包含了广泛的哲学、美学价值和工程技术的综合内涵；Building 是一个比较具体的概念，一般仅指个体建筑本身；而 Construction 是从工程技术角度出发定义建筑的一种方式，它

图 1-3

作为构筑物与建筑物的埃菲尔铁塔

更多关注建筑的建造属性和技术特征，可以理解为"构筑物""建造物"。

所谓建筑艺术，是指按照美的法则和规律，运用独特的建筑艺术语言，使建筑具有独特的审美价值和文化价值，具有象征性和文化传承性，体现出地域性和时代感。

## 艺术、美学与建筑美学

艺术的创造，乃空想的假象表现，如感觉上的假象是也，故一切艺术品，离不开感觉上的刺激，依附一切感官体验，始能表现，如声须听、色须视是也。

——宗白华《宗白华讲稿》

1. 艺术

凡是艺术，都兼有两个基本属性：Impression（形式）与 Expression（内容）。

这两种属性在艺术表现上呈现出的不同侧重和相互状态，决定了艺术作为一种在专业领域和大众传播领域兼而有大量受众的表现方式呈现出外在和内在极大的跨度内涵。宗白华先生（1897—1986）概括出艺术三定律 [①]：

1）艺术需有象征——艺术品须表现实际，非幻觉及梦魇。唯此又非普通所谓实际，乃象征之实际，乃美之实际也。存在于审美者心目之中。

2）象征内容越复杂越好——象征作用，以简表繁，如平面画可以代表立体物，一小诗可象征无限感情。东方艺术尤富于此，以少代表多，以小代表大。故"取材务求其简，象征以取其富"。

3）内容本身——审美本身也是一个积极的创造过程，打动人、让观者参与到艺术过程才能真正实现艺术的价值。所以谈及艺术的象征，实际艺术存在于一般人的审美境界里，因人而异。故审美虽寄托于艺术，实则脱离艺术而独立存在。

2. 美学

美学（the Aesthetics）属于哲学的一部分。艺术学本为美学之一，不过随着艺术表现方式的丰富变化，其方法和内容往往不再能够被美学所替代。美学的研究一般涵盖以下内容（图 1-4）：

- 人生之美及社会之美（普通美的原则）；

---

[①]　见宗白华《宗白华讲稿》- 艺术学。

图 1-4

左上：人生之美及社会之美；右上：艺术之美；下：自然之美

- 自然之美；
- 艺术之美。

美学为追求普遍美的原则，若用人生之美、自然之美来解释艺术，往往有失偏颇，艺术的多样性和批判性决定了它本身并不仅能容纳大众认为"美"的一面。艺术随时代进步发展很快，传统艺术和传统美学紧密无间的互相印证关系随着艺术形式和内涵的不断拓展呈现出多样的状态。

当下的艺术已经经常独立于传统美学而存在。

3. 建筑美学

建筑美学基于技术和艺术双重维度的考量，好的建筑作品是在这两方面都具有卓越成就的完美结合体。早在 2000 年前，古罗马建筑师维特鲁威就提出了建筑的三条基本原则——"实用""坚固""美观"。时至今日，这仍然是建筑师在建筑设计中

图 1-5

建筑艺术之美——悉尼歌剧院

遵循的基本原则，尽管建筑的类型很多，实际使用功能也是千差万别，但这一基本原则是建筑的出发点，这三个要素在不同类型的建筑中所呈现出的权重会因为建筑的特殊性而有所不同，但任何建筑都应该是物质功能与审美功能、实用性与审美性、技术性与艺术性的统一体，这是建筑美学的基本原则（图 1-5）。

建筑艺术是一种立体作品艺术，属于空间造型艺术。建筑审美的特点首先表现为体验建筑的空间形态美。空间形态是建筑给人的第一印象，也是人们在品鉴一座建筑的首要感知，因此形态的美观性在建筑审美的三要素中往往占据首要位置。当然，由于人的个体对于美的标准和美感的体验差别巨大，因此在建筑审美中不同个体的主观感受往往存在差异，这种差异存在于任何形式的艺术体验中，观点分歧是正常现象。

其次，建筑作为一种实用艺术，它的价值还是可以通过技术合理性、先进性的尺度来更加客观地衡量，因此相对于其他纯艺术作品，建筑审美多了一个相对客观的衡量维度。当你真正走进一座建筑，了解它表面背后的技术成就、材料应用、工艺创新等，现实的感知会让人增加对一座建筑的评价深度，客观提升对建筑的审美评价。

第三，建筑审美还有一个重要方法：生成逻辑性。逻辑性表现在任何一个建筑的生成过程中，建筑师都会有意无意地用一种逻辑生成建筑，就如诞生一个新生儿的 DNA 一样。这个生成逻辑可以是建筑的象征性、隐喻性，如象征海边贝壳造型的悉尼歌剧院，它像从外到内的生成基因控制了整个建筑的内外形态要素；生成逻辑也可以是结构体系，一座拥有表现内在空间独特需求的独特而又合理的建筑结构往往会成为经典建筑范式。

4.艺术、艺术品与建筑

艺术一方面是一个整体的概念，包含艺术创作、艺术思想、艺术作品。同时艺术也是具有个体属性的概念，在单指某件具体的艺术作品时，往往又属于艺术品的范畴。艺术品指每一件独立的、具体的艺术作品（Artistic Works），它包括雕塑、绘画、建筑、音乐、舞蹈、摄影、电影、戏剧、文学等的具体作品。

从审美角度看，艺术是通过形形色色的艺术品呈现的。从古至今，并没有脱离实际的所谓纯粹艺术品，艺术总是或多或少地与时代的一定社会实用功能结合在一起，总与各种物质的（如居住、使用）或精神的（宗教的、伦理的、政治的）需求相关。即使是纯粹供观赏的所谓"纯艺术品"，也只是原有实用功能逐渐消退之后的形式遗留。对于已经常常独立于传统美学而单纯作为一种艺术活动存在的纯然审美的艺术品，艺术原本实用的影子还是或多或少地沉淀在艺术品的内部，让创作者和欣赏者往往可以据此寻找到创作的原点和欣赏解读的支点。如欣赏书法作品时，难免避开对字形和内容的辨认；阅读雕塑作品时，往往还是从其形式表象背后的功能逻辑和内容逻辑，寻找判断形式美感的标准。

　　建筑是一种有代表性的实用艺术，它不但具有很强的物理存在感，还离不开人们的日常使用，是一种与人的生活和社会活动紧密结合同时又具有艺术审美价值的作品。建筑还有一个重要特点是时间性，一座建筑一旦建成，少则几十年，多则几百年、上千年屹立，像一部石头的史书记录着当下，也传承未来，会将这一代人的技术、智慧凝结在相对不变的物化客体中，这样就需要建筑保持相对持久的审美价值，能够容纳人们在较长的时间维度里欣赏建筑所需要的内在的恒久魅力。

## 美与创造力

　　所有艺术、科学和技术，甚至拓展到人类所有的文明形式，都源于人类的想象力或者是创造性思维。人类历史上的所有成就，无论是艺术、科学还是技术，最终都可归结为人类创造力的成就。

　　创造力是创造具有价值的新事物的能力，这种价值包含物质价值和精神价值两方面的涵义。人类社会文明的演进史其实就是人类创造力的发展史。

　　创造力在人类社会演进中的作用是如此重要，对它的关注其实是把握了艺术创作的本质。在审美层面，对任何艺术作品创造力的探究同样具有深刻的意义，让观者摆脱简单的视觉直觉而触摸到艺术价值的本体（图1-6）。

　　2011年出版的著作《创新者的基因》的三位作者总结了具备创造能力的人在思维和行动方面的五大特征：

图 1-6

艺术的创造力

- 特征一：联想，将看似没有联系的领域关联起来的能力；
- 特征二：质疑，不断地对现有事物发起挑战，对事物如何发展至今，又将如何发生改变，以及改变的原因提出质疑；
- 特征三：观察，仔细观察世间的一切，不施加评判，以获取新见解；
- 特征四：交流，即使与他人的观点差异甚大，即使他人所擅长的领域与此并不相关，也乐于交流学习；
- 特征五：试验，通过试验、建立模型和拆解来探索新的可能性。

创造力存在于人的大部分活动之中，在艺术创作领域，创造力是艺术的生命。无论是受过专业训练的艺术家，还是普通民间艺人，必须具备独立的思考能力和跳出群体思维模式的勇气。这样，才有可能创造出超越凡人经历的独到见解，这是艺术作品感染人的基础。

艺术的创作者不仅是艺术家，事实上，凡是有创造力的活动，都或多或少地表现出艺术的价值。专业的训练、教育与创作体系对创造力的开发是有帮助的，但这并不是必要条件。创造的需求是普遍的，创作的技能往往在技能的积累中完成质变，思想的火花经常诞生于平凡的积累，质变的关键在于智慧地感悟和不甘于凡俗的创造性思维。

建筑从它诞生起就是一个充满创造性的活动。

从建筑建造伊始，就寄托了人们对物质、精神世界的很多向往。无论是对生活内容、品质的改善，还是对于精神层面的追求，建筑都是人类创造性想象的结果，这种创造性原发于生活需求，基于技术、技能的进步，也凝结着多样的人文精神，这种贯穿始终的创造性成就了建筑的基本价值，也成就了建筑作为艺术一部分不可动摇的地位（图1-7）。

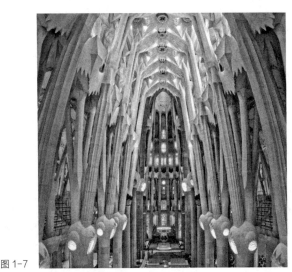

图1-7

建筑与创造力（高迪：圣家族教堂）

## 美与审美

### 美感与美学

> 逆旅人有妾二人，其一人美，其一人恶，恶者贵而美者贱。
> 阳子问其故，逆旅小子对曰："其美者自美，吾不知其美也；其恶
> 者自恶，吾不知其恶也。"
>
> ——《庄子·山木》

庄子（约公元前369—公元前286）早在两千年前便说过，各有其美。人看见毛嫱、骊姬很美，鱼、鸟看见她们却躲得远远的。美是主观的，也是相对存在的。这种因人而异的东西仿佛并不能找到什么共同的标准，也不可能去发现或者建立一种对美或者审美的规则、理论或学科。因此，美感是随时随地随人可能发生的，是充满个人色彩的情感审美活动。

如果就艺术谈及"美学"，美感与美学的界限仿佛是横亘在普通人审美感悟和专业哲学理论之间的巨大鸿沟，难以轻易穿越。就如黑格尔在《美学》一开头便举例了各种"反对美学的言论"，其中有"因为艺术美是诉诸感觉、感情、知觉和想象的，它就不属于思考的范围，对于艺术活动和艺术产品的了解就需要不同于科学思考的一种功能"。

有"美学之父"之称的德国哲学家鲍姆嘉通 Baumgarten（1714—1762）在1750年第一次提出"美学"（Aesthetica）的概念，标志着美学作为一种独立学科的诞生。这个词希腊文的原意是"感觉学"的意思，也就是一门研究直觉的知识的科学。

美学本身是美的哲学、审美心理学和艺术社会学三者某种形式的结合，在这种混合和化合的过程中，形成很多的美学理论、派别和现象。因此，即使从哲学角度定义美学，也只是为美学的解释提供了一个视角或观念。

"真理是一个由许多方面构成的整体。因而，可以从不同的角度、不同的途径、不同的问题、不同的要求去接近它；接近的层次、侧面可以不同，所追求达到的目的可以不同。"

"多层次、多侧面、多角度、多途径、多目标、多问题、多要求、多方法，互相补充，互相完善。"

——李泽厚　《走我自己的路》

李泽厚先生（1930—　）在《美学四讲》中就美学学科提出了以"多元化"的视角去看待美学，而不是仅从类型和形态的不同界定美学范畴。他将美学分为哲学美学、历史美学、科学美学，而科学美学又界定在对基础美学和实用美学方面的研究，建筑美学属于实用美学的范畴。在实用美学和基础美学层面，其领域和对象较为广阔和庞大，而且可以进一步分化和细分。因此，已经不再有统一的、单一的美学存在，它已经在各学科不断增生和牵制的过程中，交织成了一张网络。

美有不同的表达方式，其审美范畴也在变化之中，一般从美学研究角度将文学的美感分为以下一些类型（图1-8）：

- 纯粹之美；
- 壮阔之美；
- 悲剧之美；
- 丑的艺术；

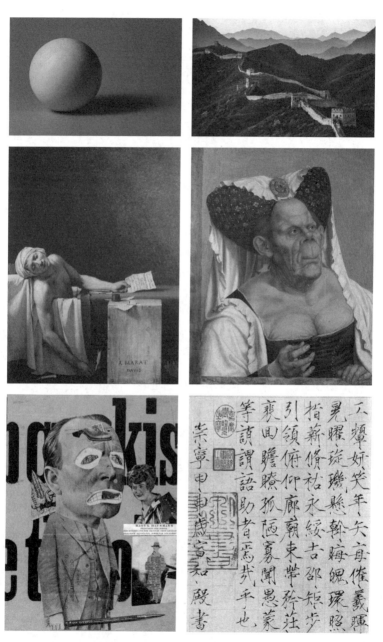

图 1-8

左上：纯粹之美；右上：壮阔之美；左中：悲剧之美；右中：丑的艺术；
左下：滑稽之美；右下：纤细之美

- 滑稽之美；
- 纤细之美。

事实上，当代美学更加着眼于对艺术和审美的研究。而对审美的研究也主要通过对艺术史和艺术原理等的验证而进行。因此，有些语言分析学家甚至因其意义甚广，主张取消"艺术"这个词，而用音乐、美术、舞蹈等艺术门类来取代它的存在。

埃及的金字塔、殷商的青铜器、欧洲中世纪教堂、非洲原始面具、敦煌壁画、印度佛像等，它们在其特殊的时代背景下，似乎并不因人类的审美观上的诉求而存在，却有其宗教、伦理、政治、文化的价值，甚至是为了人类生存的需求而存在，但我们无法否认其艺术价值。因此，建筑本身也因其恒久的艺术属性，在艺术发展史上留下了浓重的一笔。

**审美心理**

艺术审美作为一种审美再创造活动，包含着极其复杂的审美心理因素和心理机制。彭吉象先生（1948—　）在《艺术学概论》中，将审美心理概括为六个基本要素：注意、感知、联想、想象、情感、理解等，这六大审美心理要素也构成人在感知美感过程中逐步发展的心理层级。这些心理要素不是孤立存在的，它们之间相互影响、作用、渗透，存在着微妙复杂的关系，也因此造成了艺术审美的特殊性和多样性的特征。

1. 注意

"注意就是心理活动对一定对象的指向和集中。指向性和集中性是注意的两个特点。"[①]

---

① 华东师范大学心理学系编 . 心理学 [M]. 上海：华东师范大学出版社，1952：85.

图1-9

注意

注意是观者感知作品的开始，注意的集中性，是指将观者的心理关注要素集中到感知客体，集中而清晰地关注某个特定的审美对象。注意的产生有主客观双重因素，客观原因是刺激物的特点，主观原因是观者的心境、兴趣、经验、态度等。注意使观者的心理状态从日常生活状态进入到艺术鉴赏的审美心理状态之中。

建筑审美往往开始于人对某个建筑被动的使用，或者是主动的关注（图1-9）。

2. 感知

艺术鉴赏审美是以感知为基础的，它包含着简单的感觉和较为复杂的知觉。感觉是一切认识活动的基础，也是审美感受的心理基础，是指客观事物直接作用于人的感觉器官，在人的大脑中所产生的对事物个别属性的反映。艺术鉴赏和审美活动真正的开始，应当从感知艺术作品算起。艺术作品首先是以特殊的感性形象作用于人的感觉器官，不同的艺术媒介和艺术语言作用于人的不同感知器官，也形成了多样的艺术形式。审美感知是人的一种积极主动的心理活动，在感知的背后潜藏着观者的生活经验、文化修养、欣赏经验等，还有理解、联想、想象等多种心理因素的积极参与。

格式塔心理学认为，任何事物的形状一旦被人所感知，都是被知觉进行了积极的组织或建构的结果，形状可以通过变形、变位、对称、平衡等多种方式，使人们产生特殊的审美体验，甚至产生一种与生命形成同构的力的模式，使观者感知后产生强烈的心灵震撼，从而达到审美的高峰体验。格式塔心理学家鲁道夫·阿恩海姆（Rudolf Amheim，1904—1994）更是对视觉艺术进行了详细的研究，他认为艺术作品就是通过物质材料造成的完整结构来唤醒观赏者整个身心结构的反应。

一般人对于建筑感知，来自使用者对建筑的第一印象，也经常来自对于建筑形态形象的第一反应（图1-10）。这种感知有些

图1-10

感知

类似于人们见到陌生人的第一感受，建筑的形态、色彩、材质、肌理都会影响到人感知建筑的第一感受。而人处理这些感知信息是与人的经验相联系的，往往会通过以往的体验经验和使用感受给建筑一个先入为主的感知定义。

3. 联想

心理学上的联想，是指由一事物想到另一事物的心理过程，包括由当前感知的事物想起另一有关的事物。联想在心理活动中占有重要地位。心理学家将联想分为接近联想、相似联想、对比联想、因果联想、自由联想、控制联想等。通过联想，观者对艺术作品的感知更加鲜明生动，而且能够感知的形象内容更加丰富深刻，从而使审美活动不只是停留在对艺术作品感性认识的直接感受上，而是能够更加深入地感受到感性形式中蕴含的更加丰富的内在意义（图1-11）。

联想在理解建筑作品过程中是一个重要方式。如果能够深入建筑，体验感知建筑获得直接的感性认识，这是最直接的方法。事实上对一个建筑的理解，身临其境的感受只是审美感受之一，很多建筑并无亲身体验的机会和必要，人的感官认知有时也会因

图1-11
联想

为过于直接局部而迷失全局。在了解建筑的过程中，观者往往会通过直接获得的建筑信息展开联想，利用自我体验建筑的经验，让自我仿佛沉浸在建筑中一样，完成体验建筑的过程。

4. 想象

"想象，或想象力，也像思维一样，属于高级认知过程，其中明显地表露出人所特有的活动性质。如果没有想象出劳动的已成结果，就不能着手进行工作。人类劳动与动物本能行为的根本区别在于借助想象力产生预期结果的表象。任何劳动过程必然包括想象。它更是艺术、设计、科学、文学、音乐以及任何创造性活动的一个必要方面"[1]。

艺术鉴赏作为一种审美再创造活动，观者对于作品的理解并不是单向的消极被动接受，而是运用想象和其他心理认知对作品进行积极主动的再创造。想象是指人脑对已有表象进行加工改造而创造新形象的过程。想象的基础是事物表象，想象表象是人们头脑中创造的新形象，它是对记忆表象进行加工改造，重新创造出来的形象，甚至是世界上尚不存在或者根本不可能存在的事物形象（图 1-12）。

心理学将想象分为再造想象和创造想象两种类型。再造想象是根据语言的描述或图形、音响的示意，在头脑中再造出相应新形象的过程。创造想象则是不依据现成的描述而独立地创造出新形象的过程。艺术审美往往以再造想象为主，同时也包含一定的创造想象。

对建筑深层的理解需要了解建筑背后更多的内容，体验建筑有时会像理解一个陌生的世界，观者经常会使用自我对建筑的理

---

[1] （苏）彼得罗夫斯基主编. 普通心理学 [M]. 人民教育出版社，1981: 373.

图 1-12

想象

解，对产生建筑的背景、意义展开想象，自我定义建筑的含义，这种定义在不同人的想象中会五花八门、不一而足。从接受审美的理论来讲，这正是观者赋予建筑意义的过程，是建筑真正成为公共体验作品的开始。

5. 情感

情感是人们对客观事物是否符合人内心需要的一种复杂的心理反应，是主体对待客体的一种态度，心理学家把人区别于生物性情感的所有复杂的社会性情感称为高级情感，并将高级情感划分为道德感、美感、理智感三种，情感体验正是审美活动区别于其他活动的显著特点。审美过程中，情感总是以注意和感知为基础，与联想和想象密不可分，尤其是对于美感，是理性判断和个人喜好之间平衡而产生的心理感受，并通过理解因素在感性里表现理性，在理性中积淀感性。

准确、深刻和细致地体验艺术作品的感情内涵，是审美的基本要求，要求观者在凭借感性进行情感体验的同时，也能够有意识地运用理性因素深入体验作品的感情内涵（图 1-13）。此外，还需要鉴赏者将自己对于作品的情感体验与自身的生活体验和感

图 1-13

情感

情活动紧密地融为一体，从而使审美过程中的情感体验更加直接深刻，产生强烈的共鸣。

6. 理解

心理学认为，理解是逐步认识事物的联系、关系直至认识其本质、规律的一种思维活动。审美心理中的理解因素，并不是单独存在的，而是广泛渗透在感知、情感、想象等心理活动中，共同构成完整的审美心理过程。审美过程中的理解不同于通常的逻辑思维，往往表现为不经思索直觉达到对艺术作品的理解。审美过程的理解，常常具有直接领悟的特点，表现为一种心领神会、不可言传的体验。

理解一个建筑作品，不仅要懂得理解建筑中具有感性、生动的表象形象，而且需要深入建筑更本质的层面，理解建筑表象之后的技术、功能、空间之间的逻辑关系，理解建筑更深刻的创作涵意。理解与对一个建筑作品的审美过程往往是情感体验与客观判断的结合，是感性因素与理性因素的结合。

## 审美层次

艺术审美的过程是各种心理要素之间发生的极其微妙和复杂的相互作用的结果，有时感知判断似乎是一种本能、直觉的瞬间完成的活动，其实其中包含着非常复杂的心理活动内容，各种心理要素在其中形成动态审美的心理过程。

1. 审美直觉

当人们看到一件艺术作品，几乎立刻会在脑海里产生个人的评价：好或不好，美或不美。似乎审美过程完全是一种直观感受，根本无需思考，这就是审美直觉，它是审美的重要特征，也是整个鉴赏活动的开始。所谓审美直觉，是指"人们在审美活动或艺术鉴赏活动中，对于审美对象或艺术形象具有一种不假思索而即刻把握与领悟的能力"①。

普列汉诺夫（1856—1918）说过："一件艺术品，不论使用的手段是形象或声音，总是对我们的直觉能力发生作用，而不是对我们的逻辑能力发生作用，因此，当我们看见一件艺术品，我们身上只产生了是否有益于社会的思考，这样的作品就不会有审美的快感。"②

心理学将人的认识分为三种方式，即直觉、知觉和概念，直觉只注意事物的形象而不注意事物的意义；知觉是在注意事物形象的同时，也关注事物的意义。概念则是超越形象，以抽象思维的方式去把握事物的内在本质。

---

① 彭吉象.艺术学概论（第三版）[M].北京：北京大学出版社，2006：382.

② 北京大学哲学系美术教研室编.西方美学家论美和美感[M].北京：商务印书馆，1980：95.

对建筑审美的第一层次，就是直觉，是对建筑的第一印象。直觉分为通过图片等媒介间接获得的直觉和亲临建筑获得的对建筑的直接感受，显然，这两种直觉获得的感受层次不同，得到的审美体验和结论也都会有差异。因此，作为一种对于场地、环境、周边关系要求很高的建筑作品，亲临现场获得的体验审美要远远比仅凭媒介资料获得的认知真切。

2. 审美体验

艺术审美中的审美体验，是指亲临艺术作品进行设身处地的直接体验。这一过程除了对审美对象有直接的感官体验外，还是一种积极的审美再创造活动，观者的审美价值观同时反作用于作品，处于积极主动的审美状态。

在建筑审美中，包含着很多心理因素的积极活动。它以注意力和感知为基础，在审美直觉基础上，更侧重观者在建筑中游走、使用过程中的真实体验（图 1-14）。建筑不同于一般艺术品的重要一面在于实用性，通过体验建筑使用功能的真实状态，能使观者对建筑产生最直接的体验经验，这是一个建筑品质最基本的一

图 1-14

审美体验（Thonas Heatherwick：VESSEL）

面，它超越凭直觉获得基于建筑外观、效果给人的第一感受，同时人在建筑中体验获得的感受，加上想象、联想、比较等，形成建筑审美的基本感知。当然，在近似体验的基础上，不同观者的美感感受可能完全不同，受观者的建筑观、审美观、价值观的影响，这是一个复杂而难有单一标准的审美过程。

3. 审美升华

审美升华通过审美再创造活动达到审美活动的最高境界，审美升华是指观者在审美直觉和审美体验的基础上达到一种精神的自由升华境界。审美直觉阶段主要是客体作用于主体，体现为一种感性直观的审美感受，获得的是感官层次的审美愉悦；审美体验阶段主要是主体作用于客体，体现为一种积极的审美再创造活动，获得的是情感层次的心灵感悟的审美愉快；审美升华阶段是在前两个阶段基础上，通过更高层次的创造性活动，实现主体与客体的浑然合一，发生共鸣与顿悟，使鉴赏主体的精神升华，获得悦志悦神的精神人格层次上的审美愉悦，完成艺术审美的超越。

在建筑审美过程中，观者获得的建筑感受，无论是直觉还是体验，观者的价值观成为审美建筑作品的决定因素，达到价值观的认同，产生相互共鸣，从而达到审美主客体的统一。现代心理学用"异质同构"或"同形同构"来解释审美经验，格式塔心理学美学认为，艺术感染力来自于支配者自然和人类无所不在的"场"的作用。"场"表现为一种"力的结构图示"。当艺术品与鉴赏者的完形机能同一，也就是观者与作品之间达成"力的结构图示"的同一感，主客体之间"异质同构"的感染力就产生了。因此，具体美好体验的艺术审美，例如建筑审美，是审美客体（建筑）与审美主体（观者）在价值观、审美观方面高度认同之后的共鸣。

**鉴赏与审美**

艺术鉴赏是人和社会审美意识的直接反映。

艺术鉴赏不同于一般意义上的艺术欣赏，一般包含艺术创作者和欣赏者基于艺术作品而展开的一种积极主动的审美再创造活动。从这个意义上讲，艺术鉴赏体现在"人们对艺术形象感受、理解和评判的过程。人们在鉴赏中的思维活动和情感活动一般都从艺术形象的具体感受出发，实现由感性阶段向理性阶段的飞跃"①。

审美，包含审美的情境和意境，主要是指艺术活动中能引起人的思想或情感活动的生动、具体、可感的人物和事物形象（图1-15）。

艺术不是单纯个体创作的几何叠加，更像是一种人类生存需求与情感诉求的历史建造，人们就这样在理性的惯性中，"忽略"了无法被"陈列"的艺术。从美学角度来看，谈及艺术与审美可以将其同艺术作品与审美对象统一起来，因为经由人类加工过的客观事物包括实用物件和纯粹的艺术创作。无论是教堂、雕塑、饰物、器皿，这些艺术作品的存在往往因其实用性，而被忽略其艺术价值。其实，这些都可以成为艺术审美对象的主体，也就是说存在艺术"作品"。仅从其形式、功能、创作意图甚至其可否陈列于博物馆之中来界定艺术的存在是狭隘的。

那么，艺术审美究竟在哪？存在于石头、纸张、画卷？还是人性、心灵之中？法国作家法朗士（1844—1924）在《乐图之花》中曾经说过这样一段话："书是什么？主要的只是一连串小的印成的记号而已，它是要读者自己添补形成色彩和情感，才好使那些记号相应地活跃起来，一本书是否呆板乏味，或是生机盎然，情

---

① 辞海 [M]. 上海辞书出版社，1979：1760.

图1-15

北宋·赵佶《枇杷山鸟图》

感是否热如火，冷如冰，还要靠读者自己的体验。"因此，从接受美学的角度来讲，审美从接受者的立场来具体地探讨事物被接受的各种条件、机缘、心理。举例来讲，当佛经所讲的内容经过庙宇进入修行者内心，使人们获得形而上的力量，便让人们对宗教建筑的空间、氛围产生某种精神上的崇敬之情。于是建筑的精神空间特性从非功能需求的空间日益成为一种精神诉求，继而成为一种审美对象时，在它的实用功能相对弱化的同时，对精神审美与意境审美的相互渗透，便构成了艺术审美最基本的交错与转化。

"只有当某种人工制作的物质对象以其形体存在诉诸人的此种情感本体时，亦即次物质形体成为审美对象时，艺术品才真实的出现和存在。"

——李泽厚

艺术中审美的情感，是一种无功利的具有人类普遍性的情感。

情感往往是艺术活动动机的生成、创造与接受过程中的因素之一，同时，情感也是艺术创作的基本元素。艺术活动总是伴随着情感，这是欲望、兴趣、个性的具体的心理表现，也是对对象能否满足自身欲望的价值评判。艺术活动中的"感觉"，总是被对象的能引起自己愉快的色彩、声音所吸引；"知觉"往往按照情感的需要去选择并加工对象，按照情感图式去选择与"判断"对象；"想象"按照主体的情感要求的走向去创造合乎自己情感和目的的形象。艺术家的情感往往通过艺术形象得到充分的展现，艺术家反映生活，描绘艺术形象，绝不是冷漠的、无动于衷的，而是凝聚着他的思想情感、爱憎褒贬，渗透着他的审美情趣、审美理想。1937 年，毕加索（1881—1973）得知德国法西斯对西班牙巴斯克文化名城格尔尼卡进行狂轰滥炸，激起了绘画大师的强烈义愤，他在短短的一个月时间内就完成了著名的作品《格尔尼卡》，艺术创作诞生于艺术家的情感积淀，情感的变化激起了作品强烈的艺术魅力。

在审美以及艺术创造和艺术欣赏活动中，情感不仅与形象联系在一起，也同认知联系在一起，是随着审美认知而产生的一种特殊的心理现象，其基础是审美认知。经过审美认知，及其复杂的思想活动，生活中的美才能被发现、被感悟。

艺术的审美特性是区别于其他社会实践活动的根本标志。

所谓审美特性，是指艺术作品所具有的美学品质和审美价值。艺术作品是艺术家审美理想的结晶，是美的、创造的结果。它不仅以情动人，更以美感人，使人得到一种精神上的愉悦享受，更是一种社会文化的传承延续。艺术作品中的形象集中、浓缩了生活，往往比生活中的实际存在更具有形而上的审美特性。中国传统绘画中的梅花形象，往往老干虬枝，横斜逸出，凌寒傲霜、迎春怒放，体现了一种老树新花、青春勃发的审美内涵，使人产生比观赏生活中的梅花更丰富的审美体验。

艺术不仅是一种审美活动，具有审美特性，而且艺术仍属于上层建筑中的意识形态，具有意识形态性质。艺术中的审美性是其最根本的本质属性，其意识形态特征则是隐藏在审美特性之中的，它使艺术的审美世界具有了更为广阔和深邃的内涵，因此，艺术活动是审美活动与意识形态的统一。

学会艺术欣赏也是人类学会世间生存的一部分。

## 东西方艺术美学与审美

中国艺术受儒家美学、道家美学、禅宗美学三者相互交融渗透的影响，形成独特的东方审美体系。在这个体系中，三家学说相互影响，互有侧重却又有相通相容之处，所谓：儒道互补、庄禅相通。建筑审美与艺术审美有相近相似之处，在继承艺术美学的一些基本原则基础上，由于建筑更加现实的属性，在审美方面表现出更强的自我传承性。

"总结起来，如果用一句话说，这就是：无论庄、易、禅（或儒、道、禅），中国哲学的趋向和顶峰不是宗教，而是美学。中国哲学思想的道路不是由认识、道德到宗教，而是由它们到审美。"

——李泽厚 《中国古代思想史论》

### 人本论与自然论

1. 西方审美的核心价值观：人本论

纵观西方的艺术与建筑，可以发现带有极其浓厚的理性主义色彩，也贯穿了强烈的人本论色彩。西方（欧洲）古代建筑的空间充满秩序和几何美，呈现出改造自然、征服自然的勇气和魄力。希腊等地中海地区的欧洲文明发祥地，气候属夏干冬雨的地中海式气候，土地贫瘠，崇尚在大自然生存的自然法则，对人自身力量有原始崇拜。

西方的艺术从开始就注重人本身的美感，建筑常常重在表现人与自然的对抗之美，体现人在自然秩序中独特的存在。从历史发展来看，西方哲学中，视自然为无生命的物质，在中世纪之前，基督教甚至是禁止游山玩水的，他们更多看到的是自然狂暴、危险的一面，那些傲然屹立的神殿、庙坛，处处皆显示出一种与自然的对立和征服，从而引发人们惊异、亢奋、恐怖等审美情绪。以哥特式建筑为例，它以高、直、尖为特色，高大的形体由于飞扶壁的作用显得薄而轻快，一个个向上挺拔的尖拱自下而上层层推进，一层层向上推涌，直至尖顶，以震撼人心的力量将人们的精神引向上苍，寄托着教徒对天国的向往。同时，也突出建筑个体特性的张扬，不遗余力地表现建筑的风格魅力，这反映了西方传统文化重视主体意识，强调个体观念。

在西方，古代学说都触及了人的本性，但大都关于人在社会中的地位、价值，真与假、美与丑、自由、幸福等，而这亦直接引发了对人本身的思考，也是近代人本主义思想的渊源。欧洲人在经历了漫长黑暗的中世纪之后，直至文艺复兴时期，再一次兴起对于"人"的重视，意在表达个人能力和文化修养的狭义的"人文主义"。人文主义之父彼得拉克（1304—1374）赞美青春，歌颂爱情，表达人们拥有享受幸福生活的权利，这是对于长久以来经历着宗教压迫下的灵魂的呼唤（图1-16、图1-17）。于是，人们转而又一次开始了对于古典时期艺术的追求，将上帝的神性人

图1-16

文艺复兴—拉斐尔《雅典学院》

沈周《魏园雅集图》　　　　图1-17

格化，重新拾起对于庄重、肃穆和数字比例的追求，强调人的创造和审美活动都是对于自然和人本身的把握和模仿。

现代西方哲学沿人本主义与唯科学主义演化，人本主义秉承反理性主义和反功利主义，把精力集中在与人有关的一系列社会关系上，以人作为出发点和归宿，从而深刻影响现代西方美学对于人的重视。现代设计在包豪斯这座现代设计教育的乌托邦中真正找到了技术与美的平衡，将人本主义转化成为一种"以人为本"的设计理念，将人的根本需求和自身价值作为一切设计的出发点。从此，美学不再单纯是一种虚无缥缈的精神存在，而真实的存在于人的生活中。正如，包豪斯的首任校长格罗皮乌斯（1883—1959）所说："生活世界是人的生活以及人的世界，不是物的世界、技术的世界等等，而人的生活世界都是为了人的。"

即使西方在随后诸位设计先驱对于现代主义作出诸如"形式追随功能""住宅是居住的机器""少就是多"等的不同诠释，究其根源都在于此。建筑从使用者的切实需求和利益出发，尊重使用者的使用需要和审美需求，是现代建筑不断推进的根本信条。

西方的艺术追求人的形象精准，可谓超越了人本身的存在，而人作为主体的创作主题在雕刻、绘画、文学、建筑等诸多方面随处可见，甚至古希腊古罗马时期的柱式都暗含了对人体和人性的描摹。也正是由于人本思想的影响，西方艺术从开始就走了一条写实的道路，从古希腊留存下来的大量逼真的人体雕塑就可以清晰地看到这一点，这些审美奠定了西方以人本为核心的审美价值，在艺术上走向了写实主义的道路，对整个西方艺术史的发展影响深远。

## 2. 东方审美的核心价值观: 自然论—天人合一论

"夫大人者，与天地合共德，与日月合共明，与四时合共序，与鬼神合共吉凶。先天而天弗违，后天而奉天时。"

——《周易·乾卦》

对自然的崇拜是中国古代乃至整个东方哲学体系的一个根基。

"宇宙即吾心、吾心即宇宙"，中国人的这种宇宙观就是天与人合而为一，物质与精神同流，万物生命运行其中，人生与自然互为感通，人们这种敬畏上天，顺服自然，祈求风调雨顺，从而与自然谐调并存的人生伦理，孕育了中国古典文化的"天人合一"的自然观念。

崇尚自然，喜爱自然自古亘有。中国古人们早就提出万事需"天时、地利、人和"的协调统一。儒家崇尚"天人合一"，道家推崇"自然无为"。不论是儒家的"上下与天地同流"（《孟子·尽心》），还是道家的"天地与我并生，而万物与我为一"（《庄子·齐物论》），都把人和天地万物紧密地联系在一起，视为不可分割的共同体，这促使人们去寻求人与自然的和谐共生；另一方面，山河壮丽，景象万千，自然美景启发人们热爱自然、融入自然的审美情趣。古人以自身融入自然真山真水的大自然为最高审美境界，历代中国绘画、诗歌、艺术作品也多见极尽所能表达对自然的崇拜与敬仰（图 1-18）。庄子曰："天地有大美而不言。"老子（约公元前 571—公元前 471）曰："人法地，地法天，天法道，道法自然。"这种哲学思想对中国古建筑及园林的设计营建影响深远。

陶渊明（352—365）及谢灵运（385—433）的山水诗则进一

图 1-18

左上：孔子；左下：庄子；右：董其昌《溪谷清风图》

步把自然界客观的美景与人的主观精神统一起来，"采菊东篱下，悠然见南山，山气日夕佳，飞鸟相与还"（陶渊明）。"池塘生春草，园柳变鸣禽"（谢灵运）。这些通过对自然景物的描写，既表现了自然美，又抒发了作者的情，把人的生活、思想、情感与美的自然联系了起来。

在这种美学思想的影响下，人们处理建筑与自然环境的关系不是持着与自然对立的态度，用建筑去控制自然环境；相反，中国古人的智慧更多体现在保持与自然亲和的态度，从而形成建筑和谐于自然的环境态度。例如高僧慧远（334—416）在庐山经营东林寺："却负香炉之峰，傍带瀑布之壑，仍石垒基，即松栽沟。清泉环阶，白云满室。复于寺内别置禅林，森树烟凝，石迳苔生。凡在瞻履，皆神清而气肃焉"（《高僧传·慧远传》）。诸如此类的描述，文献记载中屡见不鲜。那些建置在城市以外的山水风景地带的佛寺、道观、别业、山村聚落都十分重视相地选址，不仅为了满足各自因地制宜建设的需要，还在于如何发挥建筑群体横向铺陈的灵活性而因山就势、臻合于局部的山水地貌、谐调于总体的自然环境。它们无异于点染大地风景使其凝练生动、臻于画境的"风景建筑"。这正是中国传统建筑与自然关系的处理上所体现的独特的相融意识。历来的山水"画论"和堪舆学说，对于这种大自然为背景的环境意识都曾作过美学和审美层面的阐述。

中国传统哲学在追求自然美的过程中，常常将客观的"景"与主观的"情"联系起来，将人摆到自然环境之中，景观如画又如诗，这种将建筑、园林、诗歌、绘画等多种审美情调融合为一体的审美唯中国传统园林做到了高度协调一致。南宋词人姜夔（1154—1221）曾曰："固知景无情不发，情无景不生"，这种情景交融的意境只有进入"登山则情满于山，观海则意溢于海"的境地才能体悟。

中国人重视整体的和谐，讲究事物的对立统一，强调人与自然、人与人之间和谐的关系。天人合一的中国传统思想，体现在建筑中，最显著的是中国古建筑的功能通适性和空间灵活性，充分适应人的生活变化，与人相融合。加之天井、院落、庭园及通楹排窗、走廊及风水选择与安排，人、建筑空间与自然之间相互交融。中国传统建筑重视功能的通适性，住宅、书院、茶肆、旅馆等同时并存，适应不同的使用需要。崇尚自然的思想在中国建筑中首先表现为中国人特殊的审美情趣。平和自然的美学原则，在中国山水园林设计中，表现得淋漓尽致。

寄情山水是回归自然、与世无争的文人思想，是中国传统的审美哲学。我国在文化上崇尚自然的思想潮流对传统建筑及园林的建造起到了积极的推动作用，许多文人墨客以寄情于山水为高雅，把诗情画意融汇于园林之中。对于建在郊外的规模较大的园林则注意保留天然的"真意"和"野趣"，"随山依水"地建造园林。对于位于城市中的规模较小的园林则注重集中、提炼，用概括的手法来塑造大自然的美景。

在中国传统建筑包括园林中，建筑不必拘泥于一般的空间定式，突出强调人处于自然之中的大环境意识，将建筑—人—环境更加完整地融合在一起的中国人居理念更深刻地体现在园林建筑中。在中国传统园林空间中，建筑布局获得最大的自由度，建筑与石、池、树、花等有机地组成一系列入画场景，使得园林在总体上达到一个更高层次的建筑美与自然美相互融揉的境界。中国传统园林在某种程度上是真正实现中国建筑和自然共生的审美、精神追求的结合体。这也为形成以写意为核心的东方艺术审美观奠定了基础。

### 几何论与气韵论

1. 西方美学的形式根基：几何论

西方传统建筑在美学思想的影响下，一直遵循逻辑清晰、整齐一律、符合规律的形式美法则，故而在建筑风格上多体现出超脱自然、驾驭自然的"人工美"，突出表现在建筑呈现出强烈的几何逻辑和结构逻辑。这同中国传统建筑审美中强调与自然融合

图 1-19

左：基于几何论的西方园林；右：基于气韵论的东方园林

之美有所不同，具有鲜明的对照性（图 1-19）。

"和谐"最早是由古希腊毕达哥拉斯学派提出的一个主要的美学观点。其核心即所谓美即比例，和谐本质上就是一种特定的比例关系。而"主观和谐"则是由人的视觉、听觉特性所决定的一种动态的比例关系；这一原则开启了西方美学的主观主义传统，并贯穿始终。

古典时代的希腊艺术家、思想家所普遍致力于从对象事物的客观属性中寻求美与和谐的本质，将美与和谐解释为客体的一种形式原则，如数量、比例、对称等。塔塔科维兹指出："在古希腊，主要的美学理论认为美由各部分间的比例构成，准确地说是由各部分之间的比例和安排构成，准确地说是由各部分之间的大小、对等、数量及它们之间的相互关系构成。"

西方建筑和艺术在很长时间之内都在追求一种极致的比例与美感，融入人体比例、数学逻辑等方面的因素，寻求在主观上"数"的比例关系上找到真正的美感。数比关系的发展在古埃及、古希腊、文艺复兴、近现代等不同的历史阶段都取得了辉煌的成就，也直接影响了西方科学与教育事业的发展。

2. 东方美学的形式核心：气韵论

在中国传统艺术鉴赏的审美标准中，最能体现中国艺术鉴赏特色的是"气韵""意境"和"中和"。这三点不仅代表中国传统艺术鉴赏的主要标准，也是传统艺术的创作原则，体现传统艺术的精神追求。

> "观画之法，先观气韵，次观笔墨、骨法、位置、敷染，然后形似。"
>
> ——元·汤垕《画鉴》

气韵在中国传统艺术鉴赏中占据着首要地位。南梁画家谢赫（479—502）在《古画品录》中提出绘画"六法"，第一法则是"气韵生动"。这里既讲创作，也讲鉴赏。"气韵"在传统艺术鉴赏中的内涵十分多样，其意义在于，首先，艺术作品不能满足于描绘对象的外部形态，重要的是要表现出表达对象的内在精神，神似重于形似。中国艺术鉴赏家在鉴赏作品时经常"以形似为末节"，把气韵放在首位，就是强调神似。

> "画西施之面，美而不可说；观孟贲之目，大而不可畏；君形者亡焉。"
>
> ——西汉·刘安《淮南子·说山训》

以上诗句表达中国古人观艺术作品，如果作品没有刻画出人物的神韵，徒有其表是无法感动人的。晋人顾恺之（348—409）也提出"以形写神""传神写照"的见解，认为艺术作品要通过描绘对象的外部形态来表现它的内在精神，达到形神兼备。这种艺术品鉴思想让中国传统艺术在追求作品艺术价值时，往往将能否传神而不是是否形象逼真作为标准。

　　"气韵说"包含着深刻而广泛的含义。谢赫在《古画品录》中评论各朝画家作品时，提出了评价古画的六大法则："气韵生动、骨法用笔、应物象形、随类赋彩、经营位置、传移摹写。"在中国古代哲学中，"气"是指自然宇宙生生不息的生命力，无时不在，无处不在，存在于所有的事物中。所谓"韵"，是指事物所能具有的某种情态。"气"与"韵"都和"神"相关,故又有"神气""神韵"之说。不仅人有"神"可传，任何事物都有"神"可传，是否传神成了评价艺术作品是否具备精神感召力最重要的标志（图1-20）。

　　气韵要求的是，表现任何对象都要表现出它的内在生命和精神。因此，在观赏山水画时，不看画中山山水水是否逼真，而是"是否为山水传神"。甚至为了气韵生动，可以突破"以形写神"的状态，追求"遗貌取神"的境地。八大山人（1626—1705）的画作是这种追求的极致表现。

图1-20

左：米开朗基罗——大卫；右：宋·李太白行吟图

**存在论与意境论**

1. 西方审美基本法则：本体论

西方审美是以客观世界存在的事物及事物的客观状态为基础的，审美价值更贴近存在主义本体论的主张。本体论要解决的是世界的本原是什么的问题，主张人的本质即是由人的行动所决定，行动即是人本质的本体，这与西方人本主义的艺术创作形成创作到审美的价值闭环，即以人和客观事物为表达、审美对象，以写实的事物客观的存在为审美标准。这种人本、本体的哲学思想和艺术创作价值观影响了几千年的西方文明史，展现出以客观存在和事物主体为核心的艺术审美。

西方的审美是从认识自己开始的，对自我的认知和肯定形成基本的世界观，在此基础上形成更加趋向理性、理智的审美价值观，对待艺术、科学采用类似的客观标准，所以西方艺术、科学从开始似乎都在走形似的道路，都在研究人、自然、宇宙的基础上形成对世界的理解，并以此标准去评价身边的事物，这种方法无论在科学领域还是艺术领域都有着相近的应用。从古希腊哲学、艺术、科学家常常合体，到文艺复兴大量的艺术家，如达·芬奇、米开朗基罗都兼艺术家、科学家、建筑家于一身都可窥见一斑。甚至直到当代，美国的国家艺术和科学院还是同一机构，就可看出，西方的文明价值体系中，艺术和科学从开始就走了一条相似的道路，在发展历程中也呈现出很多相融、相近的彼此互动之路，艺术和科学呈现出类似的价值观，也彼此互相促动，产生了许多伟大的艺术作品和科学成就。在艺术审美领域，成就了客观、理性、存在、人本为核心的审美价值体系。

西方的社会审美价值对建筑审美产生了直接而深远的影响。在对待建筑的态度上，从古埃及、古希腊时期开始，西方建筑就

图1-21

左：古希腊—伊瑞克提翁神庙女像柱；右：太和殿柱廊

从研究人的比例入手，在空间处理上考虑人的客观空间需求和感受，在建筑装饰方面，也大量引入人的比例和生活内容，甚至在雅典卫城的伊瑞克提翁神庙里，能够看到逼真的女郎柱式，在建筑史上具有开创意义（图1-21）。纵观整个西方建筑发展历程，建筑审美的核心主要集中在建筑本体上，无论是建筑群体还是个体都十分关注建筑自身，各个时期的建筑的发展变化都围绕建筑内部空间的功能和空间感受的脉络为主线在变化演进，由内而外地呈现建筑的特点和进步改变，形成了以本体为核心的建筑发展脉络和审美主线。

2. 东方审美核心法则：意境论

人法地，地法天，天法道，道法自然。

——老子《道德经》

老子的这种思想代表了中国古人的自然崇拜观念，却有着明显的人与自然和谐大同的意味，同时也影响了中国的传统建筑。尽管我国先秦时期的建筑也曾有过高台榭、美宫室，气势磅礴、壮丽辉煌的阳刚之美，但随着儒家"中和"思想的影响，汉代以

图 1- 22

**断桥残雪**

后，特别是魏晋南北朝以来，中国传统建筑这种展现对抗力度的阳刚之美逐步走向"和谐"与含蓄之美。以内向封闭的内部空间组合，纡余委曲的建筑序列层次，婉转、舒缓的建筑节奏韵律和凝重、自然的建筑装饰设计，给人以亲切、温馨、安闲、舒适的审美心理感受。中国传统建筑始终在人与自然的辩证关系中摸索着建筑前行的道路，中国建筑很难从环境中剥离出来，而空谈建筑个体，它深刻植根于一种东方独特审美方式所产生的意境之中（图 1-22）。

中国传统建筑空间因轻灵秀丽令人神往，中国古典园林建筑在中国传统建筑中更具有十分独特而经典的代表性。因深受儒家思想的影响，文人的追求和喜好左右着造园，因而中国的传统园林在实际意义上是文人园林，历来讲究"气韵生动"的美学原则。在中国传统园林的本体认识上，重视整体的和谐，强调人与自然、人与人之间和谐的关系。所以中国传统建筑的艺术风格以"和谐"之美为基调。

第二章

# 建筑美学与建筑之品

我相信有情感的建筑。"建筑"的生命就是它的美。这对人类是很重要的。对一个问题如果有许多解决方法，其中的那种给使用者传达美和情感的就是建筑。

——路易斯·巴拉干

从广义上讲，建筑学是研究建筑本体及其周围环境的学科。建筑学所涉及的建筑艺术和建筑技术，以及作为实用艺术的建筑艺术所包括的美学特性和科学技术性，它们虽有明确的不同但又密切联系，其分量随具体情况和建筑物的不同而大不相同。它的存在需要协调人与自然、人与社会之间的关系，不仅要满足人们物质上的要求，而且要满足人们精神上的要求。随着人类历史发展，伴随着社会生产力和生产关系的变化，不同地域种族的政治、经济、文化、宗教、生活条件因时而易，也深刻影响着建筑技术和艺术。因此，建筑学是体现了横跨工程技术性、人文美学、艺术特性的复杂学科。纵观古今的历史源流，究其广度和深度，了解建筑之美有其历史足迹可寻，欣赏建筑之美有其美学和艺术审美的内在规律，这也是本书写作的初衷。

## 建筑——技术与艺术的结合

### 构筑——人类基本的生存技能

"当尧之时，水逆行，泛滥于中国，蛇龙居之，民无所定。下者为巢，上者为营窟。"

——《孟子·滕文公下》

下者，指地势低下的地方，这些地方潮湿，人不能居住，所以筑巢而居。上者，指地势高耸的地方，人们就挖洞而居。人类极强的模仿和学习能力，在日益增强的生存竞争中，开始了对"房屋"的探索。

"最初，立起两根叉形树枝，在其间搭上细长树木，用泥抹墙。另有一些人用太阳晒干的泥块砌墙，把它们用木材加以联系，为了防避雨水和暑热而用芦苇和树叶覆盖。因为这种屋顶在冬季风雨期间抵挡不住下雨，所以使用泥块做成三角形山墙，使屋顶倾斜，雨水流下。"

——维特鲁威 《建筑十书·第二书》

追溯西方建筑学对建筑起源的研究，古罗马工程师维特鲁威将原始人比作野兽，茹毛饮血栖息于洞穴或树丛中。中国汉代成书的《礼记·礼运》中也曾有"昔者先王未有宫室，冬则居营窟，夏则居橧巢。"的记载，"营窟"即穴居，"橧巢"即巢居。随着人们发现"火"，保存"火"，为取暖而聚集开始，人类便开始用树叶遮蔽风雨，在山麓挖掘洞穴，甚至以泥和枝条模仿燕窝以求生存，这也仅是人类生存的"庇护所"。

"当一个穴居人，为了更舒服在洞口挂上几张皮子的时候，或当牧民用根柱子支起兽皮搭帐篷的时候，'建筑'并没有开始。'建筑'不始于第一个用木棍和泥巴或树枝和茅草搭起的小屋，或堆起石头用草泥作顶，这些东西比起燕子窝或海狸穴来，并不更加'建筑'。当人类第一次用平石板搭祭坛或立起石台的时候，'建筑'也没有开始。但是，当人类第一次将自己与他的建筑视为一体和引以为豪，并且比单纯的需要更进一步——他开始关心他的建筑外观之时，'建筑'才真正开始。所以，我们将从建筑史中排除那些仅仅就是'房子'的房子。在'房子'与'建筑'之间必须有区别。'建筑'是一种艺术，因而它在某些方面是人类或建造者的表现。"

——布鲁斯·阿尔索普《建筑历史观》

　　定居意味着房屋，洞穴自然无法满足人们舒适居住的需要，人类在对自我生存环境的不断追求中积累经验，不断探索，逐渐形成建筑。

　　房屋是人类创造的一种适合自我居住的庇护所，建筑是从人类本能生存的"构筑"行为逐渐衍生而来，逐步由基本的构筑形态演变为满足多样的人们生存需要的各种形式的构筑空间。建筑不但是物理环境的塑造，在人类文明史上还扮演了重要的人文传承的作用。

　　不论建筑以何种形态呈现，建筑师在每个建筑中都必须解决三大问题：功能（建筑的用途）、形态（建筑的外观）以及结构（建筑的建造）。建筑学作为一种艺术，不仅创造着建筑的内部空间，也赋予每个建筑独一无二的外观，表达着每个建筑的独特思想。

## 建筑——一门独特的艺术

　　建筑因人类的智慧而出现，而建筑的形成则伴随着人类文明的进步和社会生产力的提高，建筑在不断迎合人类活动需求的过程中，不再单纯满足栖居空间需求，设施也日益完善，于是医院、学校、行政机构、博物馆、剧场、图书馆、体育馆等建筑设施应运而生，空间结构也日趋复杂，除了木结构、砖石结构，还有混凝土结构、钢结构、轻型钢结构和组合结构等。甚至建筑已经成为人类证实自我的象征。当今的建筑，无论在功能、形态还是技术领域都已经取得了前所未有的突破。

　　"建筑是技术与艺术的综合体。"

——奈维尔

　　法国启蒙主义哲学家狄德罗（Denis Diderot，1713—1784）曾说："人们谈论最多的东西，每每注定是人们知道很少的东西，美的性质，就是其中之一。"建筑因其独特的艺术性，常是一种熟悉又陌生的存在，很难以全面、理性的论断去定义其界限。而在黑格尔看来："每门科学一开始就要研究两个问题：第一，这个对象是存在的；第二，这个对象究竟是什么。""科普中国·科学百科"上定义建筑，是建筑物与构筑物的总称，是人们为了满足社会生活需要，利用所掌握的物质技术手段，并运用一定的科学规律、风水理念和美学法则创造的人工环境[①]。可见，随着人类社会发展，人们对建筑的认知已经超过其物质层面意义，即人类必须在有限的物质条件下，借由一切可能的物质手段（如气候、地形、材料、结构、设备、经济条件等）实现其具有物质性的使用功能，亦是技术与艺术的综合创作，也是人类从事土木与建筑工程的创造活动，还是建筑行业与学科的名称。汉语用"建筑"两个字概括了上述至少四层涵义，而在英语中它有别于 Building 和 Construction，Architecture 可译作建筑学、建筑术、建筑艺术，更体现"建筑"作为一门学科和艺术存在，从而成为研究和审美的对象。

　　建筑（Architecture）作为一种艺术形式，建筑学作为一门学科，更多关注的是建筑艺术层面的要素。建筑要解决的物理问题是：一个建筑结构如何支撑起自身的重量以及其上的负载。建筑必须能够承受重力和压力、张力或拉力、弯曲和变形以及以上种种物理力的组合。关注建筑技术体系和建筑构成的技术方法统称为建造（Construction）。

---

① 参见"科普中国·科学百科"。

建筑的基本建造系统如同人的躯干一样，也有三个基本系统：

- 支撑结构——人的骨骼；
- 外部立面——人的形体面容；
- 内部设备——人的各种器官。

建筑区别于其他艺术作品的不同之处，在于它不仅具有艺术欣赏价值，更具有很强的实用性，很大程度上受到社会技术、经济、文化水平的制约，甚至体现着一个时代的生产力水平和经济实力。中央电视台总部大楼建筑，被美国《时代》杂志（*Time*）评选为2007年世界十大建筑奇迹，巨构的建筑形体，结合两座塔楼大角度内倾，高层以上与L形悬臂结构的独特造型，颠覆了人们对结构力学的常规认知。同时，结构技术已经在很大程度上为当代建筑的创作提供了更大的自由空间。但技术是否应该这样用来挑战建筑基本的合理性、经济是另一层面的问题，也使这个建筑从设计构想一经面世就一直成为人们争论的焦点。

建筑学作为一个综合性学科，应用于建筑设计的过程，更像是一场多学科的交响乐，建筑设计扮演着指挥的角色，需要了解每一件"乐器"的效果，方能更好地协调整部作品。看似与"Architecture"涵义相对接近的"Construction"，其实表达的是建筑的建构含义，只是表达了建筑设计中解决建造甚至结构问题的部分，远远不是建筑"Architecture"的全部。

"建筑存在，却无形，唯有建筑作品有形，而它是献给建筑的祭品。"

——路易斯·康

建造之于建筑，更接近写作与文学的关系，写作借由文字这种表达形式，却未必都能形成"文学"。"文学"是无形的，写作是途径，文字是载体。建造是建筑作品作为物质载体的手段，是表达建筑的途径和策略。

人类从事大规模的建筑活动要追溯到奴隶社会，这一时期埃及、西亚、波斯、希腊和罗马均留下了不朽的建筑艺术。而古希腊和古罗马的建筑文明，经历两千多年的洗礼流传至今，成为欧洲建筑学的渊源。而在古埃及则产生了人类历史上第一批巨型建筑，有宫殿、府邸、神庙和陵墓。古埃及的建筑工程主持人被称为"王家工程总管"，他们拥有着当时至高无上的权力和地位，甚至可以在死后封神，充分反映了建筑活动在当时社会的重要地位。而那些以巨石堆砌而闻名的建筑物，其宏大的工程规模、精细施工技艺和震撼人心的艺术力量，即使放在现代社会也令人叹为观止。以金字塔为代表的古埃及建筑，反映了当时的几何、测量和起重运输机械的能力已经达到了相当高的水平。早在公元前四千年，埃及人就已经开始以正投影绘制建筑物的立面图和平面图，甚至以比例尺绘制建筑总图和剖面图，新王国时期（公元前16～前11世纪）的建筑图样留传至今，可资证明。古希腊是欧洲文明的摇篮。希腊人高超的建筑才能和大量的建筑活动，在建筑史上占有重要地位。古希腊建筑以端庄、典雅、匀称、秀美见长，对世界建筑艺术影响的意义深远。雅典卫城作为古希腊建筑的典型代表，帕提农神庙是西方建筑史上的瑰宝。直至希腊化时期（公元前332—公元前30年），建筑的创作领域不断发展，公共建筑的类型也逐渐增多。随着结构和施工技术的进步，艺术手法也逐渐丰富。据后人记载当时就已经有专门的建筑学著作，涉及建筑物的营造经验、构图法则、施工机械等，却遗憾失传。

罗马帝国国力强盛，版图横跨欧亚非三大洲，其建筑成就亦是世界建筑史上又一座丰碑。古罗马的建筑直接继承了古希腊建筑的成就，但建筑的类型、数量和规模都远超过希腊。为了创造更为高大宽敞的室内空间，逐步发展拱券和穹隆结构的技术。古罗马的建筑以规模宏大、气势雄伟著称。在当时的社会背景之下，出现如古罗马这般可容纳百万人的城市实属罕见，其格局不像希腊雅典以神庙为城市中心，而是以诸公共建筑，如集市广场、宫殿、浴场、角斗场、府邸、法院、凯旋门、桥梁等同神庙一起成为城市格局中的新中心。

公元前1世纪，罗马建筑师维特鲁威所著《建筑十书》，系统总结了希腊和罗马的建筑实践经验，并被认为是流传至今最早的建筑学著作（图2-1）。《建筑十书》共分为十卷，分别讲述了各种建筑材料的性质和用法、各类建筑物的建造原则和建造方法、施工工具和设备、供水技术乃至选址、阳光、风向等与建筑学相关的问题。并且在书中提及"坚固、实用、美观"是建筑的三原则，为欧洲及至世界建筑学奠定了理论基础。

图2-1

《建筑十书》（公元前1世纪后期）

直至公元 228 年，罗马城出现了第一所工程技术学校，至公元 334 年起东罗马帝国开始在各地设立建筑工程训练学校，这也标志着建筑学知识开始以系统的方式传授，并且得到更大范围的普及和应用。

在经历了近千年的封建分裂状态和教会的统治之后，宗教建筑成为欧洲中世纪建筑成就的杰出代表。拜占庭建筑继承古希腊和罗马的建筑遗产，同时吸取了波斯、两河流域的经验，形成独树一帜的建筑体系。中心对称式的构图和以四个或更多的柱墩通过拱券支承穹隆顶的结构特色，成为拜占庭建筑的标志，其中君士坦丁堡的圣索非亚大教堂堪称经典。

公元 476 年，西罗马帝国灭亡。在西欧，古罗马的建筑技术和艺术已经失传。10 ~ 12 世纪，由于当时建筑的木构架易受火灾影响又在技术上难以加大木结构跨度，于是开始了对石拱券的技术探索，并形成罗马建筑。而随着石拱券技术的不断发展，终于形成哥特式建筑。

哥特式教堂建筑近似框架式的肋骨拱券石结构，与相同空间的古罗马建筑相比，重量大大减轻，材料也大幅度缩减。哥特式教堂的结构技术和艺术形象达到了高度统一。

"历代君王的塑像：昏庸的个个双臂下悬，眼睛低垂；英武的个个昂首挺胸，双手高举，直指天空。还有，一扇扇尖形长窗，尽是光怪陆离的彩色玻璃；一个个宽大的大厅出口，都是精雕细刻的富丽门扉。而所有这一切，圆拱、大柱、垣壁、窗框、护壁镶板、门扇、塑像，从上到下，满目湛蓝和金黄，色泽斑斓，光彩照人。"

——雨果《巴黎圣母院》

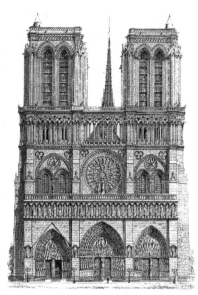

图 2-2

左：巴黎圣母院原设计哥特式经典立面；右：巴黎圣母院正立面

　　巴黎圣母院无疑是这一时期的建筑代表，用于抵挡尖拱券的水平推力的扶壁和飞扶壁，窗花格和彩色嵌花玻璃窗以及林立的尖塔是它的外部特征，外表和特征给人以向上的感觉，体现了追求天国幸福的宗教意识。12 世纪下半叶，建筑工匠分工已经很细，有石匠、木匠、铁匠、焊接匠、抹灰匠、彩画匠、玻璃匠等，技艺日益精湛（图 2-2）。

　　当时称为"匠师"的工匠首脑掌握着时下最高的建筑的技艺，并在长期实践中对石拱券的力学知识比古罗马时代有了更为深刻的理解。可以说，他们已经可以熟练掌握绘制建筑物的平面图、立面图和细部大样技法，并且制作模型，参与施工，积累了大量经验和理论知识，大幅推动了建筑学的发展。

　　直至 14 世纪，意大利开始出现反对神权，要求人权，追求自由和现实幸福的人文主义、重视科学理性的思潮，形成了以复兴希腊罗马古典文化为旗帜，反对教会文化统治的浪潮。15 世纪初，这股浪潮涌进建筑学领域，早已被遗忘的古罗马建筑文化，又成为众人追捧的对象。F·伯鲁涅列斯基（1377—1446）通过对古罗马废墟的研究，在了解古罗马建筑的做法以后，顺利地解决了佛罗伦萨大教堂大穹顶的建造问题。这座大穹顶于 1434 年建成，这标志着文艺复兴建筑的开端。于是，更多的艺术家如达·芬奇（1452—1519）、米开朗基罗（1475—1564）等都纷纷涉足建筑领域。罗马圣彼得大教堂集当时艺术和技术之大成，穹隆顶便是米开朗基罗等人设计的。

文艺复兴是巨匠辈出的时代，也是建筑学飞速发展的时代。这一时期以及以后几个世纪中建筑学的发展主要体现在以下三个方面：

第一，从事建筑设计的人逐渐从匠人转向专业建筑师。他们以丰富的建筑学知识，睿哲的眼光，探索古罗马建筑的法式和规律，总结当时的实践经验。建筑制图作为建筑设计的重要手段在这一时期进一步完善。15 世纪，佛罗伦萨画家伍才娄首创了透视图的画法，拓展了制图领域。1799 年，法国数学家 G·蒙日（1746—1818）在《画法几何》一书中就文艺复兴以来建筑制图方法进行总结，科学的建筑制图方法问世后，标志着建筑技术和艺术有了更加精确的表达手段。

第二，随着建筑创作的繁荣，越来越多的学者和艺术家参与到建筑活动中，建筑学著作纷纷问世。1485 年出版的阿尔伯蒂（L.B.Leon Battista Alberti，1401—1472）的《论建筑》是有关建筑理论与实践的第一部现代论著，也是意大利文艺复兴时期最重要的建筑学理论著作，书中第一次将建筑的艺术和技术作为两个相关的门类加以论述，这也标志着建筑学首次被确立了完整的概念。除此之外，包括帕拉第奥（Andrea Palladio，1508—1580）的《建筑四书》（1554 年）、维尼奥拉（G.B.da Vignola，1507—1573）的《五种柱式规范》（1562 年）等，均成为后世欧洲建筑学界培养建筑师的重要范本。

第三，建筑教育从艺术私塾发展到巴黎艺术学院。文艺复兴时期的建筑教育以"艺术私塾"为主，1562 年意大利艺术家和作家 G·瓦萨利（Giorgio Vasari，1511—1574）创办设计学院。1563 年佛罗伦萨城巨富美第奇创办艺术设计学院以代替"艺术私塾"。1655 年创立于巴黎的皇家绘画与雕刻学院，1793 年更名为国立高等艺术学院（écolenationalesupérieure des Beaux-arts，通译为"巴黎艺术学院"）。它是世界上第一所有完善的建筑系科的学院，对后来世界各国的建筑教育有广泛的影响。学院总结并传播了文艺复兴以来建筑艺术的成就，对建筑学的发展作出贡献。

18 世纪下半叶，产业革命开始以后，机器大工业生产加速了资本主义发展的进程。建筑物日益商品化，城市迅猛发展，建筑类型大量增加，对建筑的功能要求也日趋复杂，形式和内容之间不相适应的状况十分严重，因而在 200 年间建筑师不断地进行建筑形式的探求。一种倾向是将建筑的新内容程度不同地屈从于旧的艺术形式，于是产生了古典复兴建筑、浪漫主义建筑和折衷主义建筑这些流派。另一种倾向是充分利用先进的生产力、先进的科学技术，探求新的建筑形式。后一种倾向顺应资本主义生产发展的要求，成为近代建筑发展的主流。19 世纪下半叶钢铁和水泥的应用，为建筑革命准备了条件。1851 年为伦敦国际博览会建造的水晶宫，采用铁架构件和玻璃，现场装配，成为近代建筑的开端。至 20 世纪初终于出现了现代主义建筑和有机建筑等流派。一批思想敏锐的青年建筑师，在前人革新实践的基础上，提出比较系统而彻底的建筑改革主张。德国建筑师 W·格罗皮乌斯（1883—1969）、L·密斯·范·德·罗（1886—1969）、法国建筑师勒·柯布西耶（1887—1865）和美国建筑师 F·L·赖特（1867—1959）是现代建筑思潮的杰出代表。他们的主张和建筑作品对现代建筑的发展产生巨大影响。包豪斯校舍和流水别墅等是当时的代表作，它们不论在使用功能、建筑形式、结构造型以及材料运用上都体现了现代建筑的特征。

随着现代建筑的形成和发展，建筑学建立了新的理论体系，主要体现在：①从理论和实践上将建筑的使用功能作为设计的出发点，强调建筑形式与内容的一致性；应用现代科学技术，以提高建筑设计的科学性。②注意发挥现代建筑材料和建筑结构的技术和艺术特点；反对不合理的外加的建筑装饰，强调建筑艺术处理的合理性和逻辑性，突出艺术和技术的高度统一；③将建筑艺术处理重点放在空间组合和建筑环境的创造。④重视建筑的社会性质，强调建筑同公众生活的密切关系，重视建筑的经济性。这些现代建筑基本理论的建立，标志着建筑学完成了又一次重大飞跃。

1919 年，格罗皮乌斯在德国魏玛建立包豪斯学校。包豪斯的教学活动将现代建筑艺术以及其他艺术同现代科学技术和现代社会需求密切结合起来，为现代建筑理论的传播作出了非常突出的贡献。

从 1950 年代开始，人们对于现代建筑中出现的某些忽视精神生活的需求、忽视民族和地域文化差异的倾向，特别是某些建筑设计手法公式化的倾向，产生了怀疑，重新探讨继承传统和发展创新等问题，在建筑风格上又出现了多元化倾向。1960 年代以来世界上产生了众多的建筑流派，其中以后现代主义较为活跃。

## 建筑的传承

受到自然条件、社会条件和历史条件的影响，我国的建筑学发展与西方走出了截然不同的两条路。我国早在殷商时期，就开始大规模建造宫室和陵墓，在之后的三千多年的历史中，中国建筑取得了很高的成就，建筑风格自成一体。

中国古代建筑以木结构为主，其独特的艺术美即来自结构本身。中国古代建筑注重群体组合，形成以"院"为单位的组合形式。院的尺度和空间形式常常以不同的主从关系形成多变的空间序列，既有宫殿建筑严整的对称布局，亦有园林、住宅建筑独有的灵活的、非对称的布局，至今对现代建筑仍有很大的启示意义。

中国建筑有其独特的装饰方法和室内布局。在装饰方法方面，中国建筑采用石雕、木雕、砖雕、金属件、镏金、贴金、壁画、彩绘、琉璃、镶嵌、织物、编竹等装饰手段，结合油漆和矿物颜料以及金箔的光泽，塑造或鲜艳秾丽，或淡雅朴素的视觉效果。在室内布局方面，则用各种隔断自由、灵活地分隔空间。中国古代建筑高超的结构技术与多变的艺术处理手法高度统一，充分体现了中国传统建筑学的高度成就。

中国建筑学的起源可以追溯到先秦古籍《考工记》，其中《匠人》篇即有关于专业建筑家的最早记载。由于工程实践和计划管理的需要，中国古代数学著作中关于计算距离、土方、材料用量、建筑基址（城寨、营垒等）的尺寸及面积等方面的内容，并且有很大比重。如汉代的《九章算术》，唐代王孝通的《缉古算经》，宋代秦九韶《数学九章》等著作中均有大量有关建筑的运算例题，水平很高。

中国很早就懂得建筑图的绘制。河北平山县出土的战国时期的《中山王陵兆域图》以金银丝嵌在铜版上，是中山国陵墓建筑群的平面示意图，图上标有尺寸，与陵墓实物相比，比例约为五百分之一。隋代宇文恺（555—612）作明堂图，则用百分之一比例。城市图遗留的实例，以宋吕大防所作的长安图（残段）和南宋平江府图碑为代表。最早使用建筑模型的记载是隋代兴建仁寿舍利塔和筹建明堂。

　　古代中国历朝政府都设有掌管建筑的机构和官吏。周为"司空"，秦汉设"将作少府"，魏晋为"民曹尚书"，隋以后至清朝称"工部尚书"。又有"将作监"（唐、宋），营缮司（明）等部门。清代皇宫、苑囿则由内务府掌管，设"样房""算房"，其中供职的主持人是世袭的，如著名的"样式雷""算房刘"。至迟从唐代起，已有民间职业匠师从事设计、结构和施工指挥，称为"都料匠"，负责作出结构详图，指挥下料加工和现场施工合成，但不亲自操作。可见，都料匠是从工匠中分离出来的有建筑专业知识的技师。五代至北宋初期都料匠喻皓（生卒年不详）曾撰写《木经》，书已失传；仅在《梦溪笔谈》中有片断记载，说建筑分为上、中、下三分：上分屋顶尺度以梁长为准；中分以柱高为准，台基及檐深与之成比例；下分为堂基与登阶坡道关系，分峻、平、慢三等，以荷辇姿势和人体尺度为准。由此可见，以人体的尺度和活动方式以及由此派生的用具为设计尺度出发点，这个原则从《考工记》到《木经》是一脉相承的。

　　宋代另一部重要建筑著作，是建筑专家李诫（1035—1110）编著的《营造法式》（图 2-3）。书中包含各种"作"（大木作、瓦作等）的制度、工限、料例三个主要内容以及有关附图，系统说明当时建筑的分级、结构方法、规范要领，并按照"功分三等，役辨四时，木议刚柔，土评远近"的原则，规定劳动定额。书中一个重要之点是提出"以材为祖"的材份制，即以与建筑规模等

图2-3

宋《营造法式》（1103年）

级相应的某一尺度作为建筑的空间尺度及构件尺度的模数。这是
建筑体系达到成熟阶段的标志。这种模数制度或比例制度一直延
续到清代，只是表现形式有所变化。清工部《工程做法》记载了
这一体系的最后形态——斗口制。

　　元代官府编纂的《经世大典》，其中工典分为二十二项，一
半以上同建筑有关；另有《梓人遗制》一书，反映元朝对建筑技
术的重视，遗憾的是两书的大部分均已失传。元代尚有民间匠师
用书《鲁班营造正式》中记录民间尤其是南方建筑形式和尺度。
明代以此为底本改编成的《鲁班经》增加了大量家具、农具做法
的资料。

　　明代涉及室内陈设、家具和造园方面的著作，有《长物志》《遵
生八笺》和《园冶》等。清代的《工段营造录》乃至近世的《营
造法原》，均为论述中国传统建筑的重要著作。

　　中国建筑知识的教习，一直是师徒相授，父子相传，往往人

亡艺绝。到 20 世纪初，现代建筑师的职业及其教育方式由西方传入中国后，上述情况才发生变化。一百多年来，中国建筑师融合中西建筑，通过继承、借鉴和革新，为创造现代化而又民族化的中国现代建筑学作了不懈的努力，取得许多成就。

**现代建筑学的发展**

建筑设计是建筑学的核心，同时，鉴赏建筑艺术也是建筑学的重要内容。

建筑设计是一种技艺，中国古代靠师徒承袭，口传心授，直到现代西方当代建筑出现，包豪斯开始开办学校，采取课堂教学方式教授建筑，建筑学才真正称得上一种现代学科。建筑设计的学科内容大致可分为两类。一类是总结各种类型的建筑（如住宅、学校、医院、剧场等）的设计经验，按照各种建筑的内容、特性、使用功能等，通过范例阐述设计要点以及解决这些问题的方式技巧。另一类是探讨建筑设计的一般规律，包括平面布局、空间组合、交通安排以及有关建筑艺术效果的美学规律，等等。室内设计、景观环境设计是从建筑设计中分化出来的、研究室内与景观环境的艺术处理、空间利用、内外家具、景观植物配置等专门问题的子学科。

建筑构造是研究建筑建造方法的学科。建筑构造研究建筑各组成部分的组合原理和建构方法，主要任务是根据建筑物的使用功能、技术经济和艺术造型要求提供合理的构造方案，从建筑技术、建筑工艺、材料特性等角度出发，研究建筑整体到细部的设计和工艺，解决好建筑的保温、防水、隔声、隔热、采光、遮阳等技术问题。建筑构造在当代建筑节能、建筑品质塑造中扮演着越来越重要的作用。

建筑历史研究人类建筑历史上遗留下来的有代表性的建筑实例，从中了解前人的有益经验，研究建筑、建筑学发展的过程及其演变的规律，为建筑设计汲取营养，也是一种人类文明传承的研究。建筑历史研究往往和建筑理论的探讨密不可分，通过这些理论的总结，研究建筑与经济、社会、政治、文化等因素的相互关系，探讨建筑实践的一般规律，建筑技术和建筑艺术结合的基本规律。

建筑物理研究物理学知识在建筑中的应用。建筑设计应用这些知识为建筑物创造适合使用者要求的声学、光学、热工学的环境。建筑设备研究使用现代机电设备来满足建筑功能要求，建筑设计者应具备这些相关学科的知识。

城市设计是近些年发展起来的一门介于建筑设计、城市规划、景观设计等学科之间的交叉学科，是从建筑学的角度研究城市空间环境及其景观的问题。城市设计重点研究城市中建筑群体之间的空间构成、相互关系、风貌特色。城市设计以塑造城市空间特色为目标，延伸到城市土地的合理规划、交通的合理组织、公共界面、色彩、文脉传承、景观特色、公共空间等从城市角度出发对建筑单体的控制层面。城市设计在当代城市规划和管理中扮演着越来越重要的角色，对于城市特色的塑造和建筑群体之间的和谐存在至关重要。

跟建筑学密切相关的还有一些其他学科，在建筑设计中，这些学科与建筑专业紧密配合，共同完成一个建筑的全部设计工作，大致包括：勘探、结构、空调、通风、电气、弱电、给排水、消防、幕墙、节能、经济等专业。

## 建筑的形式语言

各门艺术都有自己独特的艺术语言，建筑艺术也不例外。建筑艺术的语言和表现手段非常丰富，美国建筑学家托伯特·哈姆林，提出现代建筑美的十大法则，即统一、均衡、比例、尺度、韵律、布局中的序列、规则的和不规则的序列设计、性格、风格、色彩等，较全面地概括了建筑美学的基本内容。此外，包豪斯提出的基于工业化和当代设计的建筑美学理论对当代现代主义建筑审美产生直接而深远的影响，美国建筑师文丘里（G.B.Venturi，1925—2018）则从符号学的角度来探讨建筑的美和审美问题。这些建筑形式的不同表达从根本上讲都可以归纳为建筑语言的不同表达。从古典建筑到现代建筑、当代建筑，建筑的形式语言总括起来，大致可以概括为以下十个方面：

### 空间

"埏埴以为器，当其无，有器之用。凿户牖以为室，当其无，有室之用。故有之以为利，无之以为用。"

——老子《道德经》

空间是建筑的最基本形式语言，有人将建筑比作容器，建筑的外部以"形体"构成，而内部容纳功能需求的部分则由"空间"构成（图2-4）。建筑主要通过建构各种内外空间来满足人们的实际需要、体现建筑的功能需求。空间是建筑表达的本质，空间的特征反映在建筑内外，就是最真实的建筑表现。巧妙地处理空间，可以增加建筑的表现力。建筑的功能，是由对应功能的各种空间

图2-4

空间的基本构成（安藤忠雄：Setouchi Aonagi 酒店）

构成的，建筑空间不但满足建筑的功能需求，还是建筑审美的重要载体。

　　空间的构成是一个相对复合的关系，从构成空间的界面关系来看，空间既有围合，也有半围合、不围合的空间也能形成建筑的外部空间。因此，空间在建筑中，既是实实在在的具体存在，有时也拓展到建筑结构体之外所形成的广义的内外围合部分。

　　结构、墙体不是围合空间的唯一手段，多属性的围合界面能够构成更加丰富的建筑空间特性和功能表达。例如玻璃或者玻璃幕墙，还有门窗，都是一种透明、半透明的空间围合状态，给了空间的界定，同时允许物理介质在空间中流通，如光线、温度、声音、视线等，这就构成了相对于封闭空间的流通空间。在当代设计中，对建筑中流通空间格外重视，一般认为，流通空间，或者称为共享空间，是建筑中游离在私密的使用空间之外的公共空间，它对于产生人们在建筑中的交流、交往性意义重大，是实现建筑内部人之间多样活动发生的重要空间元素，因而在一些公共建筑中备受重视。

**形体**

　　形体在图形学上经常有"形状""体块""形体"等不同的表达方式。一般来讲，可以将形体分成几何形体和有机形体两大类。几何形体通常是精确有规律的形状，如方形、圆形、三角形等；有机形体是无规律的，源于自然的生成法则，没有几何学、数理学的生成逻辑，看起来比几何形体更加随意自然。建筑运用的主要是几何形体，尤其是立体几何形体的运用是建筑生成的基础。在当代一些建筑创作中，也在尝试运用自然形，通过尽量拟合自然的形态，表达出建筑和自然相融的态度和完全不同的形体表现（图 2-5）。

图 2-5

形体感突出的建筑（贝聿铭：美国国家美术馆东馆）

建筑形体主要指建筑物的形态、轮廓和形状，通过线条和形体、实体与虚体不同的组合方式组成。建筑形体犹如人的外貌，具有形成建筑第一形象的关键作用，形体还展现建筑与环境之间的相互关系，是建筑与环境形成边界的建筑要素。这种边界如果是单一的，会形成较为简单明确的室内、室外关系。如果这种边界变得不那么单一明确而是有建筑与环境相互交融、融合的部分，形成的空间常常被称为"灰空间"，建筑的形体也因为灰空间的存在，室内室外的边界更加融合互通，是一种建筑融合环境的设计语言。

## 结构

结构是伴随建筑的出现而出现的，甚至早于建筑展现出来。结构是任何一个建筑必须要解决的三大基本问题之一，这三个问题是功能问题、形态问题和结构问题。结构作为建筑最重要的支撑，不仅形成了建筑内部空间，也给予建筑表现力的主体。表达结构本身之美最典型的建构筑物例子就是桥梁。从古至今，不同地域、不同国家的人们都以各种方式在探寻桥梁的不同表现方式。

传统建筑中，结构是建筑的基础，在建筑美学中也起到重要的基础作用。结构的形态决定了建筑的形态，只是传统的审美不以结构为审美对象，而是以结构支撑基础上的建筑和建筑装饰细节作为审美对象，结构的审美价值被或多或少地隐藏起来。

现代建筑的诞生就是从追求建筑表现和结构逻辑一致开始的，所以现代建筑是结构语言作为审美要素最重要的开端。

当代建筑，通过结构创新来实现建筑创新是最重要的创新形式，优秀案例不胜枚举（图 2-6）。

图 2-6

结构成就建筑之美（丹下健三：东京代代木体育馆）

## 比例

比例是建筑各部分之间的数理尺寸的相互关系，是建筑形成形式美的关键要素。经典的比例关系形成经典的建筑形象，如古典建筑，无论是西方还是中国，历经千百年的形式迭代积累，形成经典的比例范式。无论是建筑整体的比例关系，还是建筑主要构件之间的线条比例，无不呈现出吻合人们经典审美价值和视觉愉悦的比例关系（图 2-7）。黄金分割法就是一种经典的建筑比例应用，文艺复兴时期，建筑大师米开朗基罗通过人体的比例，研究美的比例，成为后世绘画、建筑构图中比例关系处理的经典范式。即便是在现代主义时期，现代主义大师柯布西耶曾经专门研究过人体尺度和比例关系，也基于对人体比例和尺度的研究来实现最有效和最适宜的空间。

中国古代建筑形成了一套系列化的材口制度，这种制度从最小的建筑构件"材"出发，建构了一整套控制建筑各部分比例关系的数理尺度法则，使建筑从整体到细部保持了非常和谐经典的比例关系，成为控制、保持建筑形制的关键设计和建造方法。

现代建筑中巧妙处理各部分的比例关系是形成建筑形式美的

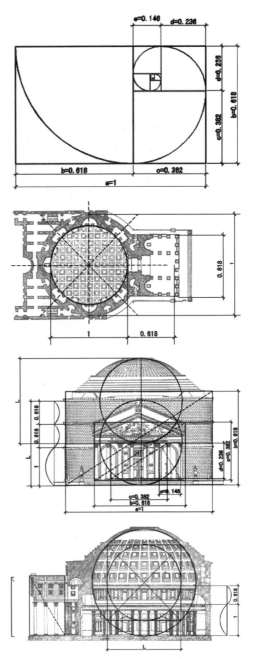

图 2-7

优美建筑背后的美学原理研究——万神庙的立面几何关系分析

重要处理要点，建筑的长宽高的比例、凹与凸的比例、大线条的建筑形体比例、立面分割比例、虚实比例、色彩比例、黑白灰色调比例等，都直接影响到建筑美。

## 构图

构图反映建筑各图形学要素的基本构成关系，包括图底关系、均衡关系、重量关系、体量关系等，包含建筑体量、体块以及面块在整体图形构成当中前后、左右、上下各部分之间的相互关系。平衡法则是构图的核心要素，最常见的平衡是中轴对称，给人以严肃庄重的感觉，增加崇高的美感，各种宫殿建筑最常用的就是中轴对称构图，图形严整，均衡工整，呈现出严整之美。

构图法则实际非常多样，在平面设计中常常见到的构图法则在建筑单一立面的构成里常常可以见到。而对于建筑这样一个三维立体的作品，立体构图才是形成建筑独特空间魅力的核心要素。

节奏也是构图的一部分，是指通过建筑的某些空间部分，或者建筑物上的墙、柱、门、窗等具有可重复构建条件的构件进行有规律的变化排列，从而产生一种韵律美或者节奏美（图 2-8）。在这一点上，建筑和音乐具有相通之处。或许因为如此，人们往往将建筑比喻成"凝固的音乐"，或者将音乐比喻成"流动的建筑"。

在传统建筑中，柱廊是呈现建筑序列感和节奏感最典型的例子，无论是古埃及时期硕大巨柱形成的竖向高耸柱廊，还是古希腊时期比例优雅的石柱廊，还是中国建筑中的大殿檐廊、游园长廊，无不呈现节奏的美感，中国古建筑重檐的处理，也展现出重复节奏带来的建筑美感。

图2-8

构图与节奏（柯布西耶：朗香教堂）

## 光线

"建筑是对光线照射的体量的巧妙、正确和卓越的处理。"

——勒·柯布西耶 《走向新建筑》

光是建筑空间的灵魂，是建筑空间中生动且具灵性的元素。光为建筑带来生命力，是人们感知建筑空间的基础，也是塑造建筑空间特质的重要元素。光之于建筑，仿佛色彩之于绘画，又如语言之于表演者，不但必不可少，精彩之处更有画龙点睛以至于传神的意境。

光的运用可以给建筑以特殊的表情，可以将时间变化、视觉感知的元素融合到建筑空间里，在建筑中塑造另一种空间意境，在三维的建筑中仿佛引入第四维的空间语言，达到建筑三维空间无法达到的效果。捕捉建筑空间中的"光"，创造性、艺术性地运用光的表现力，融入人的视觉感知中，将光元素的美学功能、精神功能融入建筑空间的实用功能，与建筑空间的魅力相映成趣，让身处其中的人们感受着光带来的艺术感染力，塑造建筑空间的艺术表现力，光线运用得好往往会成为建筑设计的"生花妙笔"。

　　建筑中光运用，首推建筑内外自然光的设计运用，同时也包括建筑中人工照明的设计，共同构成建筑的光环境。自然光的运用，在建筑中可以呈现出物理建筑空间无法表达的光影、虚实、层次、阴影等，给建筑带来丰富表情，是建筑功能的延伸，更是提升建筑空间表情与表现力的建筑要素。

　　石神庙是在建筑中对于光的运用的经典案例。在这个结构与功能完美结合的巨大圆形穹顶空间，从结构受力最弱的顶部中央巧妙开圆洞，引入自然光。光线的直线引入犹如来自宇宙的天光，也像通往天穹的眼睛，将诸神环列的空间引向天空，随时间变化洒在墙壁和诸神的雕塑上，移动的光影在室内塑造了无与伦比的精彩神秘空间。还有一些经典的建筑案例，如柯布西耶在朗香教堂、小沙里宁（Eero Saarinen，1910—1961）在 MIT 的小礼拜堂、安藤忠雄（1941—　）在"光之教堂"等项目中，建筑中对光的运用均达到了提升建筑空间灵性的表现（图 2-9）。

图 2-9

用光塑造建筑空间（沙里宁：美国麻省理工学院小教堂）

## 色彩

　　色彩常常作为一种重要的建筑语言，应用于建筑之中，形成独特的形式表现力，构成建筑特有的艺术形象，给人们带来独特的艺术感受和难忘的印象。

　　色彩是光线折射而成的，也是光线的组成部分。心理学家研究色调发现，处于不同色调环境中的人，会受到色彩的直接影响而改变情绪、精神状态、想法、行为甚至健康状况，长期处于大片暖色，如红色、橙色的环境中人容易紧张和血压升高；相反，蓝色具有让人平静的效果，可以让血压、脉搏和活动率降低到正常水平以下。

　　色彩偏好是设计表达的重要方式之一。无论建筑外观还是室内，色彩偏好是建筑基调、表达的重要特征，无论在传统建筑还是在当代建筑中，色彩都扮演十分重要的角色。许多文化中，色彩都有非常重要而约定俗成的使用指向。

　　"我们应该确定白色代表光线，没有光线就看不到色彩；黄色代表大地；绿色代表水；蓝色代表空气；红色代表火；黑色代表无尽的黑暗。"

——莱昂纳多·达·芬奇

　　15～19世纪，西方艺术中的颜色使用还停留在传统的方式，即所见即表达。在19世纪60～70年代，法国印象派的兴起，在绘画领域率先基于光学研究的新发现，运用光谱学的原理叠合基本色调形成复合色调的表达方法，无论在绘画领域，还是在建筑领域，都大大拓展了用色的方法，影响深远。

图 2-10

左：建筑色彩（柯布西耶：马赛公寓）；右：艺术色彩（蒙德里安绘画作品）

蒙德里安（P.C.Mondrian，1872—1944）有个著名的色彩构成研究，他运用以原色为基础的色调体系，通过色彩叠加形状构成，生成系列极具视觉冲击的色彩构成作品，这种用色方法打破了传统用色的直接表达，也和印象派色彩光影叠合不同，形成了自我独具特色的艺术表达。这些构成和色彩表达方式在建筑上也形成一些共鸣，柯布西耶就做了一些类似的色彩和形式构成研究，在马赛公寓等项目中进行了实践运用，是色彩在建筑上表现的著名尝试，也影响了很多当代建筑的色彩表达方式（图 2-10）。

**肌理**

"在视觉艺术中，肌理是物体表面的触觉品质，或者是这些品质的视觉表现。"

——（美）帕特里克·弗兰克《艺术形式》

建筑表皮是最具表现力的建筑外形语言。除了表皮的基本构成要素，如比例、构图、节奏、色彩等，表皮肌理也是建筑的重要因素。肌理的构成来自建筑材质、建构方式、立面装饰等，通

图 2-11

建筑的肌理（弗兰克·盖里：毕尔巴鄂古根汉姆博物馆）

过独特的面层细节构成从细节到整体的特殊表情。

　　古典建筑往往通过材质本身和建构技巧来表现建筑的肌理。如大理石的表面加工及安装工艺、砖的砌筑工艺、窗户的做法甚至窗花的造型都可以营造出独特的表皮肌理，给建筑以独具特色的表情。

　　当代建筑中，对表皮肌理的研究运用达到了新的高度（图 2- 11）。由于当代建筑形式构成法则与传统发生很大不同，建筑表皮有时可以脱离建筑主体的约束而相对独立存在，这就给通过表皮肌理展现建筑特点提供了可能，也基于表皮肌理的个性化处理，成就了许多独具特色的当代建筑艺术精品。

## 装饰

　　"装饰即罪恶。"

——阿道夫·路斯

　　阿道夫·路斯（Adolf Loos，1870—1933）为奥地利建筑师与建筑理论家，在欧洲建筑领域中，为现代主义建筑的先驱者。路斯发表《装饰与罪恶》（*Ornament and Crime*）一文，探讨他与维也纳分离派艺术家（Vienna Secession）争论的情况，谈论当代内部装饰的破产，他认为外加装饰是不经济且不实用的，所以装饰是不必要的，是一种文化上的退化，因此，他提出著名的"装饰即罪恶"的口号。他主张建筑以实用与舒适为主，认为建筑"不是依靠装饰而是以形体自身之美为美"，强调建筑物作为立方体的组合同墙面和窗子的比例关系。路斯对现代建筑最大的贡献之一——"空间体量设计"思想，促进了现代建筑话语从"体量"与"装饰"向"空间"的转换；作为一种建筑设计的方法论原则，它不仅仅包括路斯对建筑本身的思考，而且与路斯对文化、社会、艺术、历史、传统等多个问题的思考密切相关，对现代建筑的发展起到了很重要的推动作用。

但从设计本身角度看，装饰并不是罪恶，装饰在建筑中具有独特的作用。传统建筑中，装饰就是建筑形式美的重要组成部分，从远古时代开始的建筑雕塑，包括古典柱式柱头上的经典装饰，到文艺复兴时期建筑表面人像、雕塑的大量运用，以至于到巴洛克时期繁复的装饰甚至成为超越建筑主体的重要部分（图 2-12）。

图 2-12

巴洛克室内装饰风格

现代主义对建筑装饰持否定态度，现代主义大师萨里宁甚至提出："装饰就是罪恶"。试图通过摒弃单纯的装饰来表现建筑结构到空间的基本要素，将装饰视为附加建筑基本需求之外的冗余元素（图2-13）。所以我们看到的大量现代主义建筑去掉了装饰，弱化了纯粹装饰构件在建筑中的运用，这一方面开创了简洁、实用的建筑审美原则，在另一方面，也让建筑失去了一种有特色的形式语言。也正是因为如此，后现代时期的建筑，并不简单摒弃建筑装饰，将建筑装饰视作建筑形成某种个性的手段，装饰方法的应用也不是纯附加式运用，而是常常将建筑装饰通过抽象提炼的方法，通过个性化、细节性地提炼运用，使建筑具有独特的个性面孔，适应人们多样的生活需求（图2-14）。

图2-13

现代建筑无装饰之装饰（安藤忠雄：住吉的长屋）

图2-14

现代建筑的无装饰与古典建筑的装饰（贝聿铭：卢浮宫玻璃入口）

## 技术

技术美学兴起之前，传统意义上的技术运用在建筑形式美的表达方面往往处于被动甚至是被刻意弱化的角色，技术通常起到解决建筑功能、实现建筑结构、围护、设备等基本功能性作用，建筑技术本身的特征被有意无意地隐藏弱化，技术之美并不在建筑审美的主流范畴。

技术美学作为一门独立的现代美学应用学科，诞生于 19 世纪 30 年代。它开始运用于工业生产中，因而又称工业美学、生产美学或劳动美学；后来，扩大运用于建筑等领域。1950 年代，捷克设计师佩特尔·图奇内建议用"技术美学"这一名称，从此，这一名称被广泛应用。技术美是在建筑设计过程中，通过突出表现技术手段，或者直接将建筑的技术运用作为一种艺术化的审美对象加以应用，形成的审美形态。技术美不是美的自然属性，有别于自然美，它依附于建筑技术能力的提升和特殊技术产生的独特建筑效果，甚至建筑设备、管线等技术本身的外露也成为审美的一部分（图 2-15）。

图 2-15

建筑的技术美（伦佐·皮阿诺＆理查德·罗杰斯：蓬皮杜文化艺术中心）

## 建筑美的基本法则

在所有的艺术门类中，建筑与技术条件、使用功能关系最为密切，消耗的社会资源也最多。因此，建筑作为一个技术与艺术的结合体，其审美价值总是随着建筑技术与材料的变化而改变发展。同时，建筑作品往往凝结大量的社会财富，直接受社会经济状况的影响，是每个时代人们生活状态和生活态度的真实写照，往往真实反映每个社会和时代的价值取向。同时，作为经济与人文活动的双重产物，建筑中反映出的人文精神、文化价值也是一个时代人文状况的真实写照。因此，建筑美的法则融合了技术、经济、人文，是一种综合的社会审美。

建筑美建立在真实地表达建筑所运用的技术、结构、材料之美的基础之上，这是建筑审美的基本法则。凡是脱离建筑真实技术特征、背离了基本技术合理性的建筑形式表达，都被认为是一种虚假的建筑形式，无论如何都不是一种健康的美的建筑（图2-16）。

从建筑艺术本体角度，存在一些基本的审美法则，反映建筑基本审美要素和审美要则，这是读懂并理解一个建筑作品的基本入手点。

图2-16

左：深圳某高新企业研发中心——脱离建筑功能和文化背景的虚假建筑形式；右：美国苹果总部——结合建筑功能需求的创新建筑

### 稳定与均衡

建筑设计在视觉处理上往往遵循一种重力平衡法则，就是无论平面还是立面、还是空间，建筑体量需要实现视觉上的重量平衡。这是满足人基本审美心理的审美法则，这种审美来自于人们对建筑基本安全、牢固的心理理解，也是人类最基本的美感支撑点。因此，建筑形体与克服建筑重力而形成的建筑形态的平衡协调某种意义上可以理解为促进整个建筑历史发展的基本矛盾结合点。

人们审美上的均衡与稳定感来自朴素的生活经验，经验来自于实践体验。事实上，作为美学研究的审美体验上的均衡与稳定与现实经验中的重力均衡与稳定存在内在的联系，遵循着大体相同的原则，因此，可以借助基于科学分析和实践经验而来的逻辑思维来理解很多属于审美层面的均衡与稳定的抽象命题。

基于静态均衡，常见有两种方式：对称形式与非对称形式（图 2-17）。对称形式天然就是均衡稳定的，加之其与生俱来的严

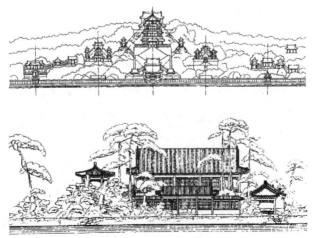

图 2-17

上：对称的均衡；下：不对称的均衡

谨图形学意象，具有天生的统一完整性，也是基于这一点，人类最早的建造基本上都遵循对称法则，这是一种原发的审美价值观。

对称形式带来的单一审美无法满足人们多样的审美需求，人们希望通过非对称的形式展现建筑更加多样的一面，同时还要保持建筑均衡。不对称形式的均衡虽然相互之间的制约关系不像对称形式那样直白明显，要保持均衡本身又构成另一种制约关系，显示出建筑更加轻盈灵动的一面。

均衡美同时在设计上可以视为强调单体设计的同时，强调把握与群体（组团）的关联性。均衡美更注重不同形式建筑形体组合的"度"的问题，在追求形体形式变化以形成美感的同时，尽量避免出现夸大的、偏激的、失调的、失衡的天际线出现，把整体观赏性作为建筑设计的基本出发点。

中国的古代建筑都讲究对称的美，例如北京紫禁城，是中国明、清两代 24 个皇帝的皇宫，为我国现存最大最完整的古建筑群，它的平面布局、立体效果，以及形式上的雄伟、堂皇、庄严、和谐，对称严谨的空间构图将这种仪式感的追求达到了极致，也充分显示了中国的文化传统。

## 主从与重点

建筑设计就像一首交响乐，需要有一个主旋律，还需要有副旋律予以配合，相辅相成，相得益彰。建筑设计从个体空间到群体组合，从平面组织到立面关系，从内部空间到外部形体，从细部做法到建筑整体空间，都需要处理好主从关系，让建筑的主题更加鲜明，层次也更加丰富。在将建筑看成一个整体的由若干要素的组成中，每一要素在整体中所占的比重和所处的地位，都会影响到整体的统一性。如果所有要素都竞相突出自己，或者都处于同等重要的地位，不分主次，这都会削弱整体的完整统一性。因此，在一个有机统一、完整和谐的整体建筑中，各组成部分是不能不加以区别而一律对待的，它们应当有主与从的区别，有重点与一般的区别，有核心与外围组织的区别，在此基础上寻求整体的协调一致。

古典建筑采用左右对称构图形式较为普遍，主从处理相对简单，从跟中轴线的密切度就能比较轻易分辨出，对称的构图形式通常呈一主两从的关系，主体部分位于中央，不仅地位突出，而且可以借助两翼部分次要要素的对比、衬托，从而形成主从关系异常分明的有机统一整体。

现代建筑，由于功能日趋复杂或受地形条件的限制，建筑更加强调与环境的有机共生，所以采用对称构图形式的不多，多采用"主+从"的形式使次要部分依附于主体，两者相得益彰（图2-18）。除此之外，还可以用突出重点的方法来体现主从

图2-18

建筑形态的主从关系

（印度，泰姬·玛哈尔陵）

关系。所谓突出重点就是指在设计中充分利用功能特点，有意识地突出其中的某个部分并以此为重点或中心，而使其他部分明显地处于从属地位，这也同样可以达到主从分明、完整统一的要求。

除此之外，当代建筑中运用最多的主次处理方法是突出主体的做法。在一组建筑或者一个建筑不同部分，通过构图、体量、虚实、色彩等方式，让建筑呈现主体与从属的主次关系，让重点部分更加突出，从属部分更加低调，是经常采用的设计方法。

## 比例与尺度

"比例的意思是整体与局部间存在着的关系——是合乎逻辑的、必要的关系，同时比例还具有满足理智和眼睛要求的特性。"

——维奥莱特·勒·杜克（Viollet.le.Duc）

《法国建筑通用词典》

柏拉图认为合乎比例的形式是美的，任何造型艺术都不能回避比例和尺度的问题，建筑艺术更是如此，建筑的美建立在优美的比例关系之上。历史上曾经出现过建筑设计比例至上的阶段，建筑师们热衷于在高、宽、厚、长的数学关系中寻找建筑美的奥妙。建筑设计中产生了大量基本几何形、黄金分割、矩形、模度、算术比等理论。还有杰·汉毕琪的动态平衡原理（Theory of Dynamic Symmetry），这一原理从本质上说是一种以对角线与边的关系为基础的原理。

人们试图在自然界纷繁的现象中找出一个统治宇宙的秩序，黄金分割（Golden Section）是建筑中运用最多的比例原则，它起源于公元前 6 世纪希腊的毕达格拉斯学派，认为数的原则统率着

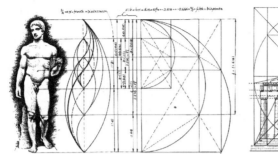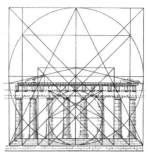

图 2-19

左：希腊雕塑的严谨比例关系；右：帕提农神庙的几何比例

自然界的万物。他们发现 1：1.618 或是 1：0.618 这种固定的比例十分优美，而且经常出现在自然界及人体之中，因而称之为黄金分割。

希腊人相信"人体可作为万物的度量"（图 2-19）。因此在他们的观念中，要获得建筑物的美感，就必须使建筑物具备符合人体美的比例关系与和谐秩序。例如希腊首先以男性、女性以及少女的身体比例为基准，确定了神庙柱子的形制（the Orders），柱式的制度使柱头到柱基的每个部分或构件都形成了以柱子直径为基准的数学关系，然后又将这套以柱子直径为基准的比例关系，推展到整座神庙的设计之上。在神庙的立面，阶梯的宽度、梁、山墙等都与柱子的直径有固定的比例关系。因此希腊神庙的平面和立面都具备了各个部分与整体间的优美比例关系。

和比例相关的另一个重要问题就是尺度。

"尺度所研究的是建筑物的整体或局部给人感觉上的大小印象和其真实大小之间的关系问题。比例主要表现为各部分数量关系之比，是相对的，可不涉及具体尺寸。"

——彭一刚 《建筑空间组合论》

　　尺度的出发点是从人的角度出发感觉到的建筑的大小，因此，尺度问题跟人的感觉密切相关。建筑的整体和局部之间的比例关系，尤其从细部角度出发感知整个建筑的大小是建筑设计中尺度把控的关键。对于一般建筑来讲，设计者总是力图使观赏者获得与建筑真实大小相近的印象，或者说符合人们对于建筑大小认知的一般规律。

　　有时，特殊的尺度处理用在一些特殊建筑中，起到创造独特艺术效果的作用。处理一些纪念性建筑的尺度，建筑师有时会通过一些超常尺度的处理应用，在建筑形式感觉中获得一种特殊夸张的尺度让人产生特殊的纪念情感。在一些园林建筑中，有时又通过一些较小的尺度处理，让庭院空间取得与人的亲近感。在中国古代建筑的材分制中，也有类似的法则，只需确定基本的尺度单元等于"材"的大小，建筑各部分比例关系就此确定，使传统建筑保持严谨的法度和稳定的基因传递，也传递着稳定的审美价值（图 2-20）。

图 2-20

天坛——有意夸大的环境尺度

## 节奏与韵律

"爱好节奏和谐之类的美的形式是人类生来就有的自然倾向。"

——亚里士多德

　　提到节奏，很容易想起音乐。常有人说"音乐是流动的建筑，建筑是凝固的音乐"。成功的建筑无论是外在的造型、材质、色彩，还是内在的空间节奏，犹如音乐的节奏、旋律，在对比中有统一，在统一中有对比，是个完整的、让人愉悦的艺术体验（图 2-21）。艺术鉴赏有时具有相通性，鉴赏者往往会不知不觉地运用自我积累的熟悉的审美习惯去审阅不了解的艺术形式，像这样用人们对音乐节奏最直接朴素的审美认知去理解相对抽象的建筑艺术之美，就是一种审美通识或者可以称为美感通识。

图2-21
左：建筑空间的节奏与韵律；右：建筑空间的节奏与韵律

"节奏和韵律是构成一座建筑物的艺术形象的重要因素。"

——梁思成

前面所谈到的比例，有许多其实就是建筑的节奏或者韵律的比例。这种节奏和韵律也是随时随地可以看见的，例如从天安门经过端门到午门，天安门是重点的一节，然后左右两边的千步廊，各用一排等距离的柱子，有节奏地排列下去。但是每九间或十一间，节奏就要断一下，加一道墙，屋顶的脊也跟着断一下。经过这样几段之后，就出现了东西对峙的太庙门和社稷门，好像引进了一个新的主题。

同样，在中国古建筑的立面处理上也有很多节奏和韵律变化的经典例子。比如故宫太和殿的立面处理，就是节奏韵律的经典范例。在檐口下方的柱廊部分，十一开间的柱廊并不是等距排列，正中的柱跨最大，称为"明间"，昭示建筑主入口的位置，再往两侧的八个主跨小于明间，称为"次间"均匀排列，烘托出均值的韵律；最外侧的两个柱跨最小，称为"梢间"，这样的立面柱廊节奏和韵律，既突出了建筑主入口，也在立面形成了优美的节奏韵律变化（图 2-22）。

## 时间与运动

时间与运动是近现代建筑理论中发展起来的设计观法。人们对于建筑的观赏不是固定于某一个一成不变的点上，而是在不断运动变化中观赏体验建筑，对建筑的感受会随着人所处的位置和所处状态的不同而有所改变，甚至结论大相径庭。从这种观点出发，自然认为古典建筑只强调正立面构图法则是远远不够的，甚至是片面错误的，必须从建筑所处环境的各个角度出发，综合考

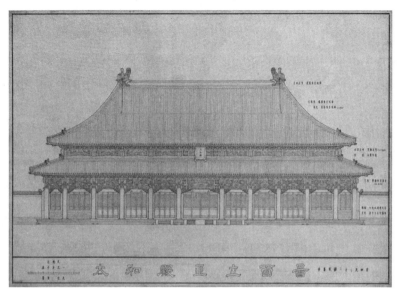

图2-22

太和殿正立面图

量建筑的形体关系（图 2-23 左）。特别是从连续的运动的视角体验建筑的形体和轮廓的变化，还有对应人不同观赏视角的建筑细节处理，让建筑的表情变得更加立体、丰富，产生如格罗皮乌斯所强调的："生动有韵律的均衡形式"。

除了静态均衡，有很多现象是通过运动来实现平衡的，如旋转的陀螺、行驶的自行车都属于这种均衡，一旦运动终止这种均衡也就随之消失，人们将这种均衡称为动态均衡（图 2-23 右）。建筑审美中的动态平衡并不是建立在真正运动的建筑形体之上，而是在相对静止的建筑形体之间，借助动态审美法则，在视觉上形成动态平衡的审美效果。如果说建立在砖石结构基础上的西方古典建筑设计思想是基于静态平衡的视角，那么当代建筑往往会通过动态平衡实现前所未有的建筑呈现。

时间与运动的审美方法引入建筑，对建筑设计产生了巨大

图 2-23

左：古典建筑的静态平衡；右：当代建筑的动态均衡（赖特：古根海姆博物馆）

的改变。尤其在当代建筑设计中，开始借助于三维技术手段，从全方位角度研究建筑在不同立体层面下的恰当表现。尤其引入时间概念后，建筑的生命过程也是建筑审美的关注要素，观赏一个建筑往往加入时间维度的考量，建筑的设计往往建立在一个相对长久时间范畴内的恰当存在，设计往往从梳理建筑和场地的过去、现在和未来的发展脉络中形成设计思路，这种观法的改变对设计的发生、结果都产生了巨大的作用，给建筑注入了多维度的生命价值。

**多样与统一**

建筑和建筑群体组合在一起，就像一个复合的整体，彼此之间处在一个多样的统一体中。单个作品也好，一个城市也好，只有通过统一和多样的并存，才能让建筑和城市具有艺术感染力。要达到"统一"的效果，最主要的一条原则是"主从分明"。也就是说在组合空间和组织形体、形式时，要突出主体，要使主体明显地表现出自己的特点，附属部分要与主体一致，并显现出从属的感觉，和主体有呼应的效果。

我们只要从空中俯瞰一下北京故宫，就可以发现，故宫的建

图 2-24

紫禁城——多样统一的典范

筑群是一个完美的主从分明而又协调统一的伟大艺术作品。中轴线（主要轴线）上主体部分三大殿高昂突出，空间宽大，两侧东西路空间密集于从属地位，而紫禁城四角角楼和各主要门楼既有守卫功能，又起到与主体呼应的艺术效果。再放眼四周，只有紫禁城内的建筑屋顶是金黄色，外围的民居都统一在灰瓦屋顶的背景之中，主次、统一关系十分清晰明确（图 2-24）。

在现代建筑中，为使单体建筑和建筑群达到统一的效果。其手法不拘一格，渐呈多样和简约化。比如，建筑外形使用了同一材料，并保持同一颜色；运用同一种细部处理，同一种建筑手法和装饰都可以比较容易地达到统一的艺术效果。

## 建筑美的本质

寻"美"即寻找美的对象，究竟什么是美？美学家将美转化成为对审美对象的理解，如一处风景，一座建筑，一幅画作，甚至是一个转瞬即逝的场景。

对于"艺术"而言，如果没人欣赏，也就失去了价值。

尽日寻春不见春，芒鞋踏遍陇头云。

归来笑拈梅花嗅，春在枝头已十分。

——《禅诗三百首·高僧篇》

文艺复兴时期的理论家已经意识到建筑标准的多样性，而且从一开始就受到维特鲁威的影响，赞成把建筑的目的确定为实用性、坚固性、美观性三个方面，并由沃顿翻译为建筑的三要素。后来，维特鲁威又进一步给人以更深影响，把这三要素从美学观点上发展成六个方面，即秩序、布置、韵律、对称、装饰及分配。

我国长期以来奉行"适用、经济，在可能的情况下注意美观"的建设宗旨，随着时代的发展，建筑行业面临新的挑战，建设目标有了新的变化。2012 年，经过多轮讨论，我国的建设方针调整为"适用、经济、绿色、美观"，这一调整变化反映了在新的时代要求下，建筑的意义和价值观的改变。美观变得在任何一个建筑中都成为与功能、经济同等重要的建筑要素。同时，对环境问题的重视，让整个社会的价值观都发生了变化，整个社会对自然资源的索取都应当建立在有限度的可持续体系基础上，作为地球上消耗自然资源最大的产业，建筑走上"绿色"的道路，有限度、高效能使用资源，并保持资源的循环利用，这是惠及后世的建设方针。

## 建筑的基石——社会与经济

建筑活动的产品——建筑个体、建筑群以至城市是社会物质文明及精神文明的集中体现。从古以来，建筑活动始终在社会生

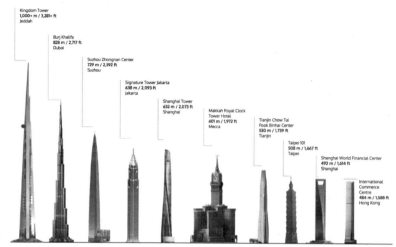

图 2-25

代表经济实力的不断攀高的现代建筑

活中占有十分重要的地位。"衣、食、住、行"是人类的基本生活需求,其中的"住"就是指建筑物。如何应用合理适当的建筑技术,与艺术创造恰当地结合,在适宜的环境中满足生活需求,是研究建筑学的基本任务。

建筑服务的对象不仅是自然的人,也是社会的人,包含复杂而深刻的社会关系;建筑既要满足人们物质的要求,还要满足精神上的需求。社会政治、文化、宗教、生活习惯等,都密切影响着建筑,某种程度上讲,建筑是时代的缩影,是时代精神的象征(图2-25)。

古希腊建筑以端庄、典雅、匀称、秀美见长,反映了城邦制国家经济的繁荣,同时反映出当时绚烂的文化艺术和活跃的哲学思想。罗马建筑的宏伟壮丽,反映了国力雄厚、财富充足以及巨大的统治力量、雄心勃勃的气魄和奢华的生活。拜占庭教堂和西欧中世纪教堂在建筑形制上的不同,原因之一是由于基督教东、西两派在教义原则和宗教仪式上的差异。西欧中世纪建筑的发展和哥特式建筑的形成同样以石为料，同样使用拱券技术，哥特式建筑用小块石料砌成的扶壁和飞扶壁同罗马建筑用大块石料建成的厚墙粗柱在形式上大相径庭，既反映技术的进步，也是资源更有效利用的需求。现代建筑的产生和发展的背景是工业技术的发展和建筑物成为商品。纵观人类建筑发展历史，经济的力量起到了决定性的作用。

**建筑的动力——技术的进步**

在各种艺术类型中，建筑艺术与技术条件的关系最为密切，技术包括结构技术、建造技术、材料技术、工艺技术等。建筑作为艺术与技术的结合体，其审美总是随着建筑技术的发展而变化。世界各地的建筑，从石结构、木结构，到砖石结构、混凝土结构、钢筋混凝土结构再到钢结构、复合结构，每一次结构和技术的重大变革都带来了建筑审美的巨大改变，推动了建筑艺术和建筑审美的不断发展进步（图 2-26）。

纵观人类历史发展，自然条件对于建筑结构、建筑形式和建筑布局有重大的影响。伴随着人类发展，技术的进步潜移默化的推动着建筑的发展。在人类一开始建筑活动，就尽可能地适应自然条件，就近利用天然建筑材料，创造最合理的建筑形式。中国毛家嘴干阑遗址位于温暖多雨地区，这里的房屋上层作居住用，下层用柱子架空，以防潮湿。陕西半坡遗址所在地区，黄土丰厚，土质均匀，壁立不倒，古人营建的房屋最初有袋竖穴或半穴居，以后发展成为木骨架泥墙房屋。至今中国黄土高原仍盛行窑洞形式生土建筑。在世界建筑史上，两河流域的巴比伦建筑和亚述建筑由于当地缺少优质石料而富有黏土，促进了砖结构的发展。砖的使用又促使叠涩式和辐射形的拱券和穹隆结构的出现，而相对

图2-26

左上：拱券结构建筑；右上：尖券结构建筑；左下：木结构建筑；右下：钢结构建筑

成熟的建筑结构出现，则意味着为实现宗教礼仪必需的更宽广、更高大的空间能得以实现。古希腊由于当地石料丰富，创造了石梁柱结构体系，形成灿烂的古希腊建筑。面对不同的自然条件，建筑技术则需要应对不同环境带来的问题。干热地区（如西亚和中国吐鲁番）室外气温高，建筑技术上就要解决内外空气流通，保持室内阴凉的问题，于是形成了厚重封闭、多厚墙小窗的建筑风貌。相应的，湿热地区（如东南亚和中国西双版纳）的建筑则需要灵巧的结构搭接实现建筑整体的通透，靠通风来形成凉爽的环境。近代科学技术的进步，人们对于建筑的要求，逐渐演变为一种对于美感和使用兼具的诉求。因此，建筑技术为建筑活动提供了各种人工材料以及空气调节、照明等技术设备，帮助我们克服自然条件给予建筑设计创作的种种限制。在协调人与建筑、建筑与环境、建筑与艺术之间的关系中，建筑技术具备了不可磨灭的协调和推动作用。

## 建筑的本质——生活的艺术

建筑是生活的载体。精彩的生活造就了精彩的建筑。

建筑本身有兴建、建造之意，如果将其理解为一种对于生活中一切事物的创造手段，并将其物质化，构筑行为的产物也就不仅仅局限于一般意义上的建筑物，还可以包括桥梁、土木工程等，甚至可以包括一些工业建筑、生产设施。

建筑是生活的容器。好的建筑生动地、恰如其分地呈现着其中的生活内容，反映着生活的精彩。生活在改变，建筑在适应生活变化的过程中呈现出特定精彩的状态。建筑师对生活的敏感度、参与度决定着其设计的建筑作品的鲜活度。在解决了基本温饱问题后，人们对建筑的需求也已经脱离了最基本的功能消费阶段，转而到达提升环境品质、实现人们更加多样的交往需求、给人以愉悦感受的精神消费阶段。建筑带给人的感受，除了如形态、材料、色彩、温度、声音等物理性的，还有精神性的，如建筑的气质、性格、品格也是人们感知建筑的重要方面。建筑作为一种构筑行为蕴含了更为丰富的情感色彩，设计活动本身更富文化意义，成为社会文化活动的一部分，这些构成了当下建筑文化的景象（图 2-27）。

## 建筑的永恒之美——艺术感染力

建筑学是技术和艺术相结合的学科。就艺术性质而言，建筑学基于建筑的形式美的规律与特征以及建筑美学理论，空间和实体所构成的艺术形象，包括建筑的构图、比例、尺度、色彩、质

图 2-27

建筑与生活

感和空间感，以及建筑的装饰、绘画、花纹和雕刻以至庭园、家具陈设，等等。

　　建筑艺术主要通过视觉给人以美的感受，这是和其他视觉艺术相似之处。建筑可以像音乐那样唤起人们某种情感，例如创造出庄严、雄伟、幽暗、明朗的气氛，使人产生崇敬、自豪、压抑、欢快等情绪（图 2-28）。汉初萧何（公元前 257—公元前 193）建造未央宫时说，"天子以四海为家，非壮丽无以重威"，可以说明这样的问题。德国文学家歌德把建筑比喻为"凝固的音乐"，也是这个意思。但是建筑又不同于其他艺术门类，它不能像音乐家的演奏那样能够纵情发挥，又不能像画家的画笔那样挥洒自如。它需要大量的财富和技术条件，大量的劳动力和集体智慧才能实现。它的物质表现手段规模之大为任何其他艺术门类所难以比拟。宏伟的建筑建成不易，保留时间也较长。

　　然而建筑的技术和艺术密切相关，相互促进。建筑技术在建

图 2-28

颐和园——令人愉悦的建筑

筑学发展史上通常是主导的一方面，就工程技术性质而言，建筑师总是在建筑技术所提供的可行性条件下进行艺术创作，建筑艺术创作不能超越当时技术上的可能性和技术经济的合理性。埃及金字塔如果没有几何知识、测量知识和运输巨石的技术手段是无法建成的。人们总是可能使用当时可资利用的科学技术来创造建筑文化。随着现代科学的发展，人们更加开始注重建筑的实用性，建筑材料、施工机械、结构技术以及空气调节、人工照明、防火、防水技术的进步，使建筑不仅可以向高空、地下、海洋发展，而且建筑艺术逐渐成为伴随功能的一种附属品。

## 建筑之品

对于建筑审美理解的个体审美标准由于每个人不同的文化背景、艺术修养、审美习惯、生活阅历等差别很大，针对同样的建筑，不同人的审美理解有时会有很大的差别。另外，专业角度对建筑设计的评价，与公众现实的评价往往也有很大差别，专业认可的建筑被公众诟病的例子屡见不鲜，公众喜爱的建筑有时在专业领域并不被认同。在专业领域和公众领域之间仿佛有一个无形的鸿沟壁垒，彼此之间的审美难以沟通，建筑评价标准的多元性、主观性给建筑品鉴带来更加难以统一的不确定性。这种审美标准的巨大差异在任何门类的艺术鉴赏中都或多或少地存在。

中国古典美学关于书画的品评，有一种主观结合客观的评价方法，称为"四品"或"四格"。南朝梁庾肩吾（487—551），在所著的《书品》中把从汉至梁的书法家分成"神、妙、能、逸""四品"，这是中国古代对于书法的最早分品。后世画家张彦远在"神、妙、能、逸"四格评画标准上增加了"自然"二字，而成为"五等"，他说："自然者为上品之上"，把对自然美的认识转为品评艺术的准则。明代鉴赏家李开先则提出山水画要"悠然野逸"。这"天真""野逸"是对平淡、恬静、自然美风光的赞赏，但不加巧饰的天然"真趣"是提倡表现自然界含蓄的内在的美，而不要人工雕琢的表面奇巧和华媚的"俗气"。

借鉴对中国传统绘画、书法的立品原则，对于建筑的品鉴也可进行类似的立品划分。能够入品的建筑，在芸芸建筑之中具有较好的审美价值，可以称为"建筑作品"，无论在技术还是艺术层面都超越了一般建筑水准。凡粗俗简陋、抄袭复制、批量行活都不能称为建筑作品，不在立品之列。

## 能品

能品建筑是能够作为建筑艺术品而被鉴赏的建筑作品，是能够称得上建筑艺术作品的入门级建筑。能品建筑能够解决好建筑使用功能，较好地将建筑功能、技术、美观结合起来，在满足功

图2-29

左上：法国国家图书馆；右上：新保利集团总部；左下：广州省博物馆；右下：
上海环球金融中心大厦

能的前提下，体现出在建筑中较为娴熟得当的技术处理，建筑形
式较好地反映建筑功能要求和技术特点，建筑展现出满足建筑审
美的一般原则。能品建筑区别于粗制滥造、抄袭、做作的建筑设计，
一般形象大方得体、功能方便合理，技术工艺合理。能品建筑也
区别于大规模建造的商品化的设计成品，如批量开发生产的城市
住宅、定制批量化的商业建筑、缺乏设计的生产类建筑等。能品
建筑往往担负城市较为重要的功能，在形式上往往并不十分突出，
常在一般的城市景观中处于底景建筑的位置，成为城市形象、空
间特色、生活主题的基本背景（图2-29）。

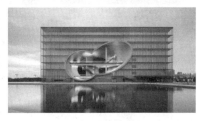

图 2-30
左上：北京侨福芳草地；右上：苏州博物馆；左下：日本法隆寺宝物馆；右下：上海保利大剧院

## 精品

精品建筑是在建筑设计方面匠心独运、创造出精致、精美、超越同期一般建筑审美和技术水准的建筑作品。精品建筑在建筑功能、空间、形式方面有突破，能够在建筑艺术表达方面展现自我独到的特色。精品建筑往往设计精良、施工精致，能够代表同时代建筑技艺的最高水准。精品建筑展现出较为独特的特色，能够成为城市同时期建筑作品的优秀代表，展示城市建设的水准，表达出精美的建筑品质和精湛的建造技艺，经常成为代表一个时代的经典建筑。在世界各地、各个城市都会有一些经典、有水准的建筑作品，成为城市高品质生活的象征，也是艺术审美的较好代表（图 2-30）。

## 神品

神品建筑是精品建筑中建筑表现极其出彩、令人耳目一新的

图2-31

左上：悉尼歌剧院；右上：艺术与科学之城（the city of Arts and Science built）；下：哈尔滨大剧院

作品。神品建筑的设计往往有出人意料的神来之笔，让建筑表现出非同一般的全新感觉，无论在建筑形象还是空间特色上均出类拔萃、清新脱俗，往往成为城市的亮点，也常常成为城市的标志性建筑。这种神来之笔有可能来自于建筑形态的突破性表达，也可能是对建筑的某个技术特点的突破性应用，比如突破性结构运用往往能够起到这种效果。总之，神品建筑给人全新的建筑体验，让人感到前所未有的视觉观感，无论是建筑外部还是内部，给人以全新的审美体验（图2-31）。

**逸品**

逸品建筑犹如中国传统绘画中八大山人的作品，高远清逸，

图2-32

左上：朗香教堂；右上：巴塞罗那德国馆；左下：风之丘葬仪场；右下：水之教堂

超凡脱俗，作品体现深刻的哲学的思考，具备悠远而超俗的审美意境。逸品建筑相对于外在的形态，其价值更多体现在建筑内在的美，有一种发自建筑内部能够感动人的力量。身处其中，会感受到建筑艺术的巨大感染力，让人从精神上与建筑产生共鸣，能够从建筑空间、工艺、材料、细部中体验到不同一般的艺术感受，让人有精神上美的愉悦感，甚至能够影响人处于其中的精神状态，是建筑中的极品，具备精神审美价值。逸品建筑将建筑的空间、材料、技术运用到出神入化的境地，具备深刻的创作思考深度，达到超越凡俗的建筑审美意境。逸品建筑似有可遇不可求之妙，是建筑艺术皇冠上的宝珠，能够对建筑艺术的发展起到很好的推动作用（图2-32）。

# 第三章

# 写实与写意

夫万事万物之理不外于吾心。

——明·王阳明

"海也者，能发人进取之雄心者也。陆居者以怀土之故，而种种之系累生焉。试一观海，忽觉超然万累之表，而行为思想，皆得无限自由。彼航海者，其所求固在利也，然求之之始，却不可不先置利害于度外，以性命财产为孤注，冒万险而一掷之。故久于海上者，能使其精神日以勇猛，日以高尚，此古来濒海之民，所以比于陆居者活气较胜，进取较锐。"

——梁启超 《地理与文明之关系》

中西方建筑艺术之起源，要追溯到人类文明的开始。西方普遍认为，欧洲艺术起源于古希腊，然则探究西方的艺术各个时期的表现形式，无论是艺术作品还是建筑艺术，都与前尼罗河流域的艺术有着千丝万缕的联系，而古埃及艺术又与两河文明有着深刻关联，因此，两河流域开始的文明孕育了整个西方的发展史已经成为较为公认的世界艺术发展脉络的起点。随着现代艺术的兴起，人们对艺术本质的关注更加导致了对当代艺术渊源的美学原始之探究，这种溯源性研究对认识西方艺术的发展脉络以及寻找当今艺术的发展出路都具有非常重要的意义。

"中国传统美学中强调美与善的统一，注重艺术的伦理价值；西方美学则强调美与真的统一，更加注重艺术的认知价值。中国传统美学强调艺术的表现、抒情、言志；西方传统美学则强调艺术的再现、模仿、写实。"

——彭吉象 《艺术学概论》

西方艺术的"写实性"与东方艺术的"写意性"特点鲜明又互相融合，代表了两种艺术的显著特征，成为西方和东方艺术创作的典型概括和突出特征。

## 西方建筑美学的基石

### 坚固——朴素的认知

　　大约在公元前 3300 年，受到苏美尔文明的影响，埃及人在尼罗河流域的狭长地带，创造了人类历史上的第二个文明。从地理上看，埃及的东西两面均为沙漠，南边有几个大险滩，同外界交往甚难，只有通过东北端的西奈半岛与西亚来往较为方便，埃及文明独具风格，并在很长的时期内具有极强的连贯性也成因于此。流经森林和草原地带的尼罗河，每年 7 月至 11 月定期泛滥，浸灌两岸干旱的土地；含有大量矿物质和腐殖质的泥沙随流而下，在两岸逐渐沉积下来，成为肥沃的黑色土壤。史前，由于非洲北部的气候变迁，生态结构变化导致大面积沙漠形成，迫使人类向尼罗河峡谷迁移，从事农业耕种，而富饶的农业生产是古埃及人可以在建筑劳动中有出色贡献的物质基础。在上埃及，狭窄的山谷以各色花岗岩石崖为主，这些崖壁经年累月风化为自然雕塑。下埃及，尼罗河两岸是沙漠，景观相对匮乏，由于长期洪水泛滥，无法形成成片林木，自然生长的植物主要是棕榈、埃及榕、无花果、葡萄、芦苇和荷花。埃及尼罗河上游生长一种灯芯草，茎高约六尺，也就是所谓"纸草"，是下埃及的象征。峡谷和三角洲的自然景观孕育了古埃及人独特的艺术审美，而尼罗河中的芦苇、纸草和泥土为人们提供了建筑材料甚至是创作题材（图 3-1）。

　　古埃及时代的建筑审美，从视觉到精神传达的力量似乎是传递美感的第一要素，神庙、陵墓和纪念碑等几乎所有的纪念性建筑都是巨大而且超尺度的，似乎表达的主题就是一个——坚固。

图 3-1

古埃及柱头式样

这种超乎寻常的坚固很容易让人联想到力量，同时产生巨大的精神压迫，让力量、永恒的表达达到了极致，这是在那个时代最具统治力的美感。

而自古中国建筑的柱子形式则相对简洁，摒弃繁缛的装饰。中国建筑在柱头到檐口之间形成了斗栱这一中国建筑特有的建筑结构形式，具备非常独特的审美价值。据《金石索》①中记载，中国的斗栱早在周时就已广泛应用于建筑之上，及至汉代快速发展，形成了诸多变化。我们通常所说的柱，多为圆柱，上下同大，外轮廓为平行的垂直线。《石索》中记载可见如下图的角柱，其柱头形式简洁实用，符合基本的受力逻辑。在远古时期的中国建筑中，朴素实用的审美意识一直是主导的建筑审美价值观（图 3-2）。

### 自然——科学的存在

在西方艺术对自然膜拜的过程中，自然被神化，人的智慧和价值体现在对自然、科学的探究和规律的表达上，因此西方艺术

---

① 《金石索》，清代金石学著作。一部综合性古器物图谱分上下两册，冯云鹏（晏海）、云鹓（集轩）兄弟二人同辑。此书十二卷，金索（六卷）收商周到汉和宋元时的钟鼎、兵器、权量杂器，以及历代钱币、玺印和铜镜等。石索（六卷）收历代石刻，以及带字的砖和瓦当。

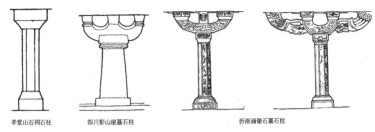

图 3-2　　　孝堂山石祠石柱　　四川彭山崖墓石柱　　　　沂南画像石墓石柱

中国古代石构仿木斗栱

从开始，就与科学密不可分。西方的艺术与科学走着近似的道路，即：从认知科学和自然开始，用科学的方法表达艺术和科学的世界。西方自柏拉图、亚里士多德（Aristotle，公元前384—公元前322）两位思想巨匠主张艺术模仿自然，并认为模仿自然是艺术的本质，随后西方艺术以追求具象为艺术目标，并且为了达到逼真、写实之目的，以科学理性的态度进行艺术创作。

希腊文明受到美索不达米亚、埃及文化的影响，是欧洲文明的发源地。希腊文明从克里特岛起源，早期的地中海文明传到了伯罗奔尼撒半岛的迈锡尼，与波斯文化在相互斗争中彼此促进发展，孕育了未来希腊独特的政治社会体制——城邦国家，这是西方世界文明的社会基石，诞生的古希腊艺术成为西方古典艺术的源起。海德格尔（Martin Heidegger，1889—1976）赞叹："在古希腊，艺术上升到其所能达到的显露（真实）的无上高度"。这里所描述的古希腊艺术是基于一种现实和自然的艺术，同时又借助人类的想象力以征服自然。

古希腊人也崇尚自然，所有建筑美学的基础是自然，无论是植物、生命或是宇宙。其建筑美学的集中体现就是神庙。奠定这种思想基础的是古希腊伟大的哲学家亚里士多德（Aristotle），他提出"艺术模仿自然"，认为艺术起源于对现实世界的模仿，艺术可以比现实世界更为真实，即达到艺术真实，一切艺术均属于模仿的模式，只是媒介的不同，对模仿的对象和模仿的模式与方式不同。同时，古希腊美感的核心来自于对人本身的研究崇拜，对自然的模仿包含对人本身的模仿，在这一点与东方自然观有较大不同。亚里士多德的模仿论学说有力的推动了古代希腊写实艺术的发展，古希腊艺术开始追求美、真实、和谐以及合适的比例。西方美术中崇尚的典范模式、庄重的艺术品格和写实精神，可以说都是从古希腊开始的。

古罗马建筑师维特鲁威（Marcus Vitruvius Polio，生卒年不详）的《建筑十书》[①]提及"神庙的布置由均衡来决定，它是由比例得来的。没有比例或均衡就不可能有任何神庙的布置。即与姿态漂亮的人体相似，要有正确分配的肢体"。西方美术中崇尚的典范模式、庄重的艺术品格和写实精神，可以说都是从古希腊开始的。

雅典卫城（图 3-3、图 3-4）是希腊鼎盛时期建筑和城市的经典代表，是当时雅典政治文化中心，始建于公元前 8 世纪至 6 世纪，几经战乱，这个象征城邦精神和供奉雅典庇护神雅典娜的地方，在不断建设中逐渐成型。雅典卫城建筑群的布局自由灵活，充分考虑了人在其中的活动流线及不同视角的观赏效果。建筑设计顺应地形，结合道路、台阶的设置，建筑沿高地外侧设置，形成面向城市各个方面的完整的建筑形态。卫城主要由山门、胜利神庙、帕提农神庙与伊瑞克提翁神庙等构成，建筑各具特色。其中帕提农神庙是位置最高、体量最大、形制最庄严、风格最雄伟

---

① 作者古罗马御用工程师、建筑师马可·维特鲁威。撰于公元前 32—公元前 22 年间，分十卷，是现存最古老且最有影响的建筑学专著。书中关于城市规划、建筑设计基本原理和建筑构图原理的论述总结了古希腊建筑经验和当时罗马建筑的经验。

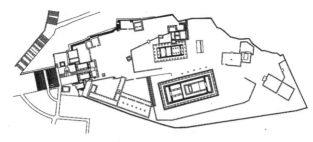

图3-3

雅典卫城平面图

图3-4

远观雅典卫城

的建筑，统帅全局，使雅典卫城成为体现传统古典构图原则的优美建筑整体。

公元前447年，在雕塑家菲狄亚斯（Pheidias，公元前480—公元前430）的主持下，帕提农神庙在雅典卫城动工兴建，建筑整体由白色大理石建成，以8根极具小亚细亚爱奥尼克立柱，并侧面及背面的46根高达10.43米的多立克柱式，组成了宽30.88米、深69.5米的矩形殿身（图3-5）。殿身的2/3部分为神堂，开口朝东，内设双层多立克式柱廊，环绕高约12米的黄金与象牙雕刻的雅典娜神像。帕提农神庙是西方建筑史上最负盛名的建筑，也是世界公认的最美建筑之一，这亦源自它的立面高宽比形成了精确数字的比例，它的正立面构成了一个所谓的黄金分割矩形。黄金分割定律遵循如果总高是1，总宽就是1.618。若将这

图 3-5

帕提农神庙

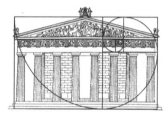
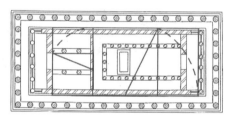

图 3-6

帕提农神庙立面与平面的几何逻辑图

些正方形边长形成的 1/4 圆弧连接，便会形成一条优美的螺旋线，
也便是著名的黄金分割螺线（图 3-6）。反观古希腊当时的宗教政
治中心——雅典卫城，象征着伯利克里领导下民主政治的高峰。
这座"高丘上的城邦"[①]背山望海，顺应自然山势，照顾山上山下
的观赏视角，发展成为民间自然神圣之地；活泼自由的布局模式，
呈现了与我国在宗法伦理思想影响下所形成的内陆城池截然不同
的城市意趣。广场无定型，建筑排列因势而为，却主次分明、高
低错落，无论身处其间或从山下仰望，俨然一幅处处充满和谐之

---

① 雅典卫城，也称为雅典的阿克罗波利斯，希腊语为"阿克罗波利斯"，原意为"高处的
城市"或"高丘上的城邦"。

美的完美的艺术作品。雅典卫城的建筑充分考虑到了柱式、体量等层面的对比与变化关系，掩映于不规则地形中，使得整个建筑群体都呈现在不同方位严谨而生动的透视画面中，从四位的角度充分感受建筑物理性与自然的完美结合。

在古希腊艺术走向写实主义的一开始，就体现了自然主义，和在这种如实再现基础上的理想美原则。这种自然主义的一个重要美学观点是——人体是最唯美的，就一如运用这种美学观念最为突出的代表——柱式（Ordo）。如雕塑家菲狄亚斯这样表达："没有比人类形体更完善的了。"

《建筑十书》中提到，"神庙的布置由均衡来决定，它是由比例得来的。没有比例或均衡就不可能有任何神庙的布置。即与姿态漂亮的人体相似，要有正确分配的肢体"。文艺复兴三杰之一的达·芬奇（Da Vinci）正是根据《建筑十书》中的描述画出了男性人体的完美比例，即著名的《维特鲁威男子》素描。

古希腊的柱式集中体现了古希腊人精细入微的审美能力和不断追求完美的创造能力，深刻影响了罗马人，并随着罗马建筑的广泛传播进而影响全世界的建筑。

**秩序——几何的构成**

"艺术作品的成就产生于许多数的关系。"

——毕达哥拉斯

毕达哥拉斯把数引入到美的逻辑关系中，认为任何事物的美都在于理性之美，而理性之美就是数的自然关系的和谐比例。古希腊的艺术奠定了西方艺术的基调，建筑也不例外。

图 3-7

希腊建筑的三种柱式。
左：多立克柱式；中：爱奥尼柱式；右：科林斯柱式

　　古希腊形成三种建筑柱式：多立克柱式（Doric）、爱奥尼柱式（Ionic）和科林斯柱式（Corinth）。这三种柱式都有着与众不同的组成部分，但共同点却都是对人体和人体比例的模仿（图 3-7）。

　　多立克柱式在建筑物上显示了男子身体的刚劲和优美，爱奥尼柱式则象征女子的纤细与窈窕。古希腊人认为人体美体现在感官上和度量（数）上，建筑物"必须按照人体各部分的式样制定严格的比例"（维特鲁威《建筑十书》）；而建筑的和谐与人体的和谐相当时，人们就会认为这个建筑是美的。柱式不仅在整体比例上模仿人体，而且在细部的装饰也大多选材于自然形态，柱头的装饰题材多模仿发卷和忍冬草。6 世纪后，有了花篮式和多瓣式等复杂的柱头，装饰题材也越来越趋向多样化和自由化，甚至包括了一些动物形象。柱式组合形态在不断演化，但组成柱式的各部分均保留了原有的形制，其使用也受到特殊比例关系法则的支配；这种比例法则又从柱式延伸到建筑的其他部分，使得古希腊建筑处处体现出对人体的模仿。

不仅在建筑领域，其他古希腊艺术作品中所表现出的对人身体结构及比例的认知，包括对人物神态、姿势、衣纹的处理技巧以及技术运用，都达到了炉火纯青的境界，比如古希腊的雕塑。古希腊雕塑代表着一种美学高度，它所确立的原则或规范，对后来整个西方雕塑艺术的发展产生了深远的影响。依曼努尔·洛维在《早期希腊艺术中自然的表现》中将其称作"自然的发现"，在他看来，通过对自然的观察和技艺的不断改进，希腊人发现他们可以将艺术形象表现得与现实一样逼真。

这种"自然的发现"即写实的观念直接影响了古罗马的艺术观念，古罗马的建筑艺术更是古希腊建筑艺术的继承和发展，并随着古罗马文化的强势传播深刻影响了其他欧洲国家。

庄子认为，"五色令人目盲"。

墨子（生卒年不详）主张，"作宫室，便于生，不以为观乐也"，明确否定建筑为"视觉艺术"。

荀子（公元前313—公元前238）同样说，"为之宫室台榭，使足以避燥湿、养德、辨轻重而已，小求其外"，他认为，宫室是生活、养德、思考的地方，不应求外在形式美感。

这些思想家们认为中国古代建筑的美感并不是绝对要求，那么，在他们眼中，建筑应以什么为主呢？

《风俗通》曰："堂，当也。当正向阳之屋。又堂，明也。言明礼义之所。"堂屋，就应是宣讲礼义的地方。又，玄学家阮籍指出"族旗、宫室、饮食、礼之具也"，所以，建筑在中国的传统的思想中，应该是"礼"的工具。于是，作为"礼之具"的中国古建筑，便以伦理思想作为自身的追求。当然，中国古建筑深刻植根于重伦理的思想意识，中国古代建筑的审美特征是美与善的高度统一，强调建筑艺术在伦理道德上的作用。建筑创作时，

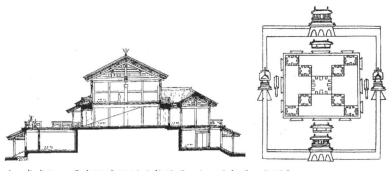

图3-8

左：秦咸阳一号宫殿遗址剖面复原图；右：明堂《三礼图》

往往把其社会内容与象征涵义放在突出地位，伦理意义往往成为中国传统建筑渲染的主题（图3-8）。

## 造物——写实的法则

　　西方自柏拉图、亚里士多德确立"模仿说"以来，西方传统的艺术真实观念"模仿自然"一直占据主流地位，而中国的艺术真实观念，自先秦起，儒、道两家奠定了整个中国古代艺术的真实论沿着主情和表现的方向发展。

　　希腊的艺术注重造型的科学性，建立在对人体有科学研究的基础上，因此人体比例匀称，形体结构严谨明确，肌肉富有弹性，表现出高度的写实技巧（图3-9左）。这说明西方艺术企图运用光学、焦点透视原理和人体解剖等科学方法和手段，对自然对象进行描摹和再现，竭力缩小艺术和现实的距离感，达到以图像替代对象的效果。因此，艺术与自然常常被认为是同质的，而艺术作为与自然适当反差而存在的一面在西方古典艺术中似乎被有意无意地弱化了，同时被弱化的似乎还有艺术家的主观意向，艺术家所创造的艺术真实更接近一种现象的真实。不能像"中国艺术用空间、时间的四维性和心理时空关照描述事物，达到一种内在的

图3-9

左：掷铁饼者；右：秦代跪射俑①

真实"，是一种认识艺术和创作方法上的很大不同。

希腊的建筑与雕刻是紧密结合在一起的，是雕刻创造了完美的古希腊艺术和建筑，无论是建筑柱头上的涡卷、花篮、女神，还是神庙山花上的浮雕，都是精美的雕刻或雕塑作品。这种建筑与艺术品如此紧密地结合在一起的状态在世界建筑及艺术史上都是一种独特的经典存在。

对比同期的中国艺术，秦俑是与古希腊石雕接近同期的作品（图3-9右），虽然都是人物圆雕，但秦俑显然是经过更多的人物形象加工，不但铠甲具有很抽象的概括性，就连人物面容，都是充满夸张的立体形态，仿佛中国画线描的人物。

中国艺术似乎从一开始就放弃了写实的方式，在人物、山水、自然的表现上，走的是一种主观创造与真实存在相结合的道路，甚至主观感受要重于自然存在。这是与西方造物观完全不同的法则。

---

① 掷铁饼者与秦俑雕像反映中西方早期艺术对真实观的差异性理解表达。

# 中国建筑形制的雏形

## 礼制——秩序之美

中华文明大约于公元前 3000 年左右在黄河流域孕育并成熟，经历上下五千年的发展，始终保持自己独特、独立的状态，并从未停下进步的脚步。公元前 6 世纪，中国与希腊同时在思想和哲学上达到了极盛时期，那是中国的春秋时期。

春秋时期的中国，社会艺术和审美达到早期的高峰境界，孔子思想不断被圣化、神话，他主张的孝悌忠信礼义廉耻等宗法伦理道德观念，构成了宗法伦理道德体系，也成为艺术表达长久不衰的主题。孔子哲学与伦理是中国社会几千年延续的基本社会思想。与孔子学说同期发展的老子哲学，对于中国社会艺术、绘画、建筑的影响更加直接、深刻。

尽管老子主张"道常无名"，但还是演绎出一种复杂而深刻的万物生成逻辑——"道生一，一生二、二生三、三生万物"，甚至有"天下之物生于有，有生于无"这种似于循环无解的理论，其实道出了老子思想重要的思维逻辑，对建筑、艺术审美都有着直接而深刻的影响。

中国的实用艺术依附于宗法礼乐制度，具有区别使用者尊卑身份的意义。周代的城市概念是王城加市场，分封诸侯居地要低于王城：

"王宫门阿之制五雉，宫隅三制九雉。……门阿之制，以为都城之制。宫隅之制，以为诸侯之城制。"

——《周礼·考工记·匠人》

很明显，"匠人"将城邑分为三级：第一级是"王城"，即奴隶制王国的首都；第二级为"诸侯城"，即诸侯封国的国都；第三级为"都"，即宗室和卿大夫的采邑。这三级城邑的建制既是一个统一整体，又层次分明。城邑的营建也反映了贵族的爵位尊卑之级别。如城隅高度，"都"的城隅高度只允许相当王宫的门高度，即高五雉；诸侯城的城隅仅相当于王城的宫城城隅高度，即七雉；王城城隅九雉。

"匠人营国，方九里，旁三门，国中九经九纬，经涂九轨，左祖右社，前朝后市，市朝一夫。"

——《周礼·考工记》

再如道路宽度，《周礼·考工记·匠人》又规定"经涂九轨，环涂七轨，野涂五轨，……环涂以为诸侯（城）经涂，野涂以为都经涂"，即诸侯城的经纬涂宽度只相当王城的环涂宽度，而卿大夫采邑"都"的经纬宽度再降一等，仅相当王城野涂的宽度。三级城邑经纬涂宽度是：王城九轨，诸侯城七轨，"都"五轨。《周礼·考工记》所载的这种营造城市的思想，直接影响到我国古代城市的建设。城市的公共空间集中在市场、庙宇前庭、戏台等以用于举行庙会等公共活动的地方（图3-10）。

到了秦代，依靠强大的国家力量，建立了第一个统一的中央帝国。秦始皇登基后，国力日渐昌盛，咸阳城人多宫小。始皇三十五年，即公元前212年，修建宫殿作为日常起居、朝会、庆典之用，取名阿房宫。据《史记·秦始皇本纪》中记载：

"东西五百步，南北五十丈，上可以坐万人，下可以建五丈旗。

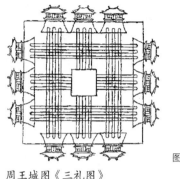

图3-10

周王城图《三礼图》

周驰为阁道，自殿下直抵南山。表南山之巅以为阙，为复道，自
阿房渡渭，属之咸阳，以象天极阁道绝汉抵营室也。"

　　阿房宫是秦代宫殿的代表，一方面收集各地建筑制式之精华，
另一方面又树立了宏达雄伟的新制式。"乃营作朝宫渭南上林苑
中。先作前殿阿房，东西五百步，南北五十丈，上可以坐万人，
下可以建五丈旗，周池为阁道，自殿下直抵南山，表南山之巅以
为阙。"（司马迁《史记。秦始皇本纪》）由于工程浩大，秦始皇
在世时只建成了前殿。更有遗憾的是，阿房宫在秦末战乱中被付
之一炬，为世人所惋惜。

　　中国古代哲学中对世界的认识通常影响并折射到对艺术、建
筑的思维方式上，人们尊重认识世界的经验和体验，尊重认识世
界的基本逻辑，从经验中把握真理和方向，介于科学与神学之间
的立场，形成伦理结合美学的理性审美思想。

### 和谐——协调之美

　　在早期中国建筑成形之时，就十分关注建筑与自然环境的和
谐协调。中国建筑审美之中的和谐包含视觉的和谐和意念的和谐

双重意境。视觉和谐产生于人们观赏到建筑及其环境之间的优美关系，从而形成美和愉悦的感受。意念和谐更多体现中国式鉴赏的精髓，那就是文化层面的精神审美愉悦感。

中国古代建筑在形成过程中，有着丰富的文化内涵，读懂这些表象之后的文化内涵，才是中国审美的核心要素。中国建筑传统营建方法受儒家思想影响，也受道家、禅宗思想的影响，同时民间玄学、风水堪舆之说也影响建筑的形成。建筑常常表现出文学意境，也具有某些象征意义。中国古代建筑单体具有相似性和标准性，通过建筑全体之间的空间组合形成不同的空间意境。建筑空间组织是中国传统建筑的精髓，处处反映着人们对自然环境的理解和建筑主题的营造。如宫殿建筑中反映的强大政治象征，宗教建筑中表现的世界观，在园林建筑中表现的诗书画、文学意境等，这些深层次的意念构成中国建筑审美的内涵核心（图 3-11）。

中国建筑也有通过优美的形态、自然的装饰，如诗如画的意境表达优美的生活场景。一些诗句对古典建筑有经典的描述："如鸟斯革，如翚斯飞"（《诗经·小雅·斯干》），形象地描写了建筑物屋顶轮廓舒展、曲线流畅、态势飞动的样子。鲁庄公"丹桓宫之楹而刻其桷"（《左传·庄公二十三年》），表明当时的建筑细部、色彩、装饰都达到了相互协调之美。

中国人独特的宗教信仰和思想观念也使得中西方建筑艺术呈现了截然不同的表现形式。始建于西汉元始四年的汉长安明堂，整座建筑坐落于直径 62 米的圆形夯土基台之上，与院落围合形成"寰水方院"和"圆基方榭"的双重外圆内方的格局，这组建筑展示了典型的双轴对称的台榭形象，展示了和谐、协调之美。

明堂为古代帝王用作朝会诸侯、发布政令、大享祭天、合祀祖宗之所。在聂崇义的《三礼图》中对秦代明堂亦有所记载，

图 3-11

左上：宫殿建筑——政治象征；左下：中国古典园林——文学意境；右：宗教建筑——世界观象征

虽对建筑形象未做明确记载，但可以得知改周时五室为九室，三十六户，七十二牖，十二级。

"明堂者，周制五室，东为木室，南火，西金，北水，土在其中。秦为九室十二阶，各有所居。"

——《三礼图》

"明堂者，古有之也，凡九室，一室而有四户八牖，三十六户，七十二牖。以茅盖屋，上圆下方。明堂者，所以明诸侯尊卑。"

——《大戴礼·明堂》

台榭是春秋至汉代的宫室、宗庙中最常用的建筑形式，在地

图 3-12

汉长安明堂

面上以夯土高墩为台，台上以木构房屋为榭，具有防潮和防御功能。春秋时期，我国的木构建筑水平相对较低，但各国为了追求宏大的宫室与宗庙的建筑形式，以阶梯形夯土台为核心，倚台建房极大程度满足了建筑高度与稳定性的需求。公元前 1130 年，周文王由周原迁至如今西安沣水，建立周王朝。据史料记载，周王宫廷前殿，"明堂"作为宫廷的前殿，同样以台榭为形制，而其是由殷商台榭直接继承发展而来（图 3-12）。

"就建筑本身而言，台的意义在于对高度的征服"①，就审美而言，台是游目骋心、开怀任性的场所；就文化而言，台则具有沟通天人的精神作用。因此，高台建筑在某种程度上也成为中国传统建筑的特征之一，在审美上增加了比例协调、和谐之美。

## 朴素——自然之美

道法自然、天人合一是中国哲学中的审美之道。

战国时期的哲学家将"五行"与"阴阳"的学说结合起来，

---

① 李允鉌. 华夏意匠 [M]. 香港：广角镜出版社，1984：70.

认为五行在阴阳系统的支配之下构成了物质世界及其发展变化的基本法则。这种观点被拓展到对人生的认识和对世界的认识上，相信自然现象和超验现象的相互作用与影响关系，因此形成"天人合一"的朴素自然观。

人与自然的关系上，强调人的主观性，突出人的核心地位。这种突出人在自然中的作用，强调人与自然的融为一体的"天人合一"的宇宙观和自然观，逐渐形成了中国古代艺术创作的独特思维方式——写意性。

中国文化受传统农耕思想影响很大，对土地怀有敬畏之情，视自己为大地上的一部分，人类的建筑活动遵循自然地理、与自然环境呼吸与共，讲究自然风水（图3-13左）。在整个中国建筑的形制体系中，突出体现朴素自然之美，而建筑从先古开始，就十分突出地体现朴素自然之美。所有材料都取自身边，建造是匠人以规而成，建造周期也常常是短期完成，并没有西方建筑那些几十年甚至几百年建造的旷世之举，也是一种朴素自然的现世之举。

中国建筑采用的材料大部分取自自然，以木为结构材料，是一种与环境生息延续的自然材料；大部分的民间建筑不施粉黛，以自然面貌呈现朴素自然之美。纵有宫廷建筑雕梁画栋，也是在非受力构件上重点装饰，但凡受力结构构件，很少雕饰，反映我国古代审美意识的健康质朴，建筑之美建立在朴素自然的审美观之上。

同时，中国建筑审美之中的"自然"，有"大自然"之意境，是一种自然力的呈现，表现为人对非自我力量可控事物的一种天生敬畏，同时与生活存在内在的联系（图3-13右）。这种思想的极致化体现中国另一独特的哲学智慧——大巧若拙。中国传统文

图3-13

左：中国古典园林中的自然之美；右：中国古画之中的自然之美

化中对枯藤、残荷、顽石、古木的欣赏，画家对枯笔禅境的追求，书法家对高冷老味的吟味，都是这种审美意境。拙道即天道，大巧若拙中体现了崇尚自然的中国美学精神。

　　庄子强调"以道不以巧"，突出了天工的地位。"巧"在庄子的哲学体系中，并不是一个正面的词汇，他说"不图谋智巧"，又说"圣人工乎天而拙乎人"。他强调自然而然，自然就是"不巧"。"覆载天地，雕刻众形而不为巧"，这种大拙为美的自然审美观在中国画中的表现更加直接，真正走向"逸品"的作品，是以追求形外之神、似外之美为最高目标的。建筑审美亦是同样，真正地崇尚自然，是极致简约、极致朴素、极致"去巧"的建筑表达。

# 第四章

# 壮阔与超然

人类没有任何一种重要的思想不被建筑艺术写在石头上……人类
的全部思想，在这本大书和它的纪念碑上都有其光辉的一页。

——雨果

中国建筑从两汉时期便走向了成熟，形成了自己的传统，在以后两千多年的漫长岁月里，表现出极强的连续性和稳定性，形成一条从未间断的历史长河，在世界建筑史中是一种非常独特的存在。对于这种状态，学术界有不同的研究见解，正如：

"一种文化，一种建筑形式或者说建筑体系，能够经历几千年的历史而不衰亡，无论如何也说明了它是极其优越和经得起任何的冲击和考验，而且在发展的过程中积累了无比丰富和宝贵的经验。但是，同样地，几千年来都没有产生过根本性的突破和原则性的转变，它的进步显然已经受到了一定的局限。"

——李允鉌 《华夏意匠》

中国建筑从汉代基本成形，以木构造为结构基础，辅以砖墙瓦顶，并配以适当的小木作装饰和砖石雕饰。斗栱作为中国建筑中重要的传力和构造构件，兼具构造功能性和建筑装饰性，从汉代起一直流传到当代，成为中国古典建筑的突出形式代表（图4-1）。

西方文明在希腊时代之后，经历了兴盛的罗马帝国时代，创造了垂范后世的辉煌成就。罗马的扩张超出了一个城邦的概念，成为一个帝国。罗马统治的全盛时期是图拉真（Trajan，53—117）

图4-1

长乐宫前殿复原想象正立面图

时期，疆土面积达到大约 590 万平方公里，是世界古代史上最大的国家之一。古罗马文化晚于两河流域和古代埃及、希腊的文明，罗马文明融合了先前各地各时代文明的成就，在城市建设、水利工程、广场、庙宇、纪念建筑、浴室等领域留下许多传世佳作。

秦汉都城与古罗马城市差异很大程度体现在城市的公共性上。罗马帝王注重市民生活，城市中出现了大量城市广场，为市民活动提供了大量的公共设施和交往空间。古希腊时期的公共洗浴习俗同样影响到了古罗马人，是其日常生活中不可或缺的一部分。但与古希腊盛行冷水浴，古罗马人喜爱温水浴。大约在公元前 1 世纪，古罗马人将天然温泉发展成为人工火炕供热系统，以木材燃烧产生的热量，在砖垛架空的地板和墙体缝隙间循环流动，使房间和浴池升温。

由塞维鲁皇帝与其子卡拉卡拉皇帝建造的位于罗马城南的卡拉卡拉浴场（图 4-2）是罗马城内最大的浴场之一，规模宏大，长 410 米，宽 380 米，可容纳万人，仅主浴室便可同时容纳 1600 多人共同沐浴。尽管如今屋顶坍塌，墙面装饰风化殆尽，但这个庞然大物，仍令后人对其恢宏的气派所折服。这样的浴室已经不是简单的洗浴功能所需，它成为城市公共活动的中心，是市民社会生活的重要部分。

罗马公众公共生活的发展，产生了演艺空间的需求，因此需要适合的剧场空间。最负盛名的罗马角斗场无疑是这一时期古罗马帝国辉煌荣耀下城市生活的一种写照。角斗比赛源于埃特鲁斯坎人的一种丧葬仪式，以鲜血与勇气向死者致敬，随着时代变迁仪式逐渐发展成为一种深受公民热捧的娱乐活动。整体建筑形象源自古代的圆形剧场，平面呈椭圆形，长短轴直径分别为 189 米和 156 米，其巨型的体量之中可容纳高达 8 万人，

图 4-2

卡拉卡拉浴场

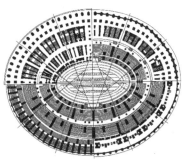

图 4-3

罗马角斗场
左上：外观；左下：内景；右：平面图

具有 60 排阶梯式观众席，当时的盛况无疑是古罗马帝国的一大

建筑奇观（图 4-3）。

## 盛世之庸

### 圆形与神境

圆形是建筑中的经典形态，完整而纯粹。运用圆形，无论是在建筑外部还是内部，均展现出一种连续的完整性。这种找不到背面的建筑形态，无论在东西方还是古现代建筑中都常常用于纪念建筑，尤其用于对于神境的极致描述。

万神庙是古罗马人用于拜谒神明的庙宇，始建于公元前27年，后遭毁，并于公元118年在哈德良皇帝时期得以重建。万神庙是奉祀诸神的神殿，与大竞技场一样，被视为罗马的象征。万神庙采用了穹顶覆盖的集中式形制，是近代以前世界上室内跨度最大的穹窿空间，是古代混凝土技术与穹顶建筑形式的完美结合，同时，它在建筑细节方面，将罗马拱券与希腊柱式进行了完美的结合，成为一座传承后世的经典作品。

万神庙在建筑上开创了以建筑内部空间为主的艺术表现形式，其建筑立意、空间表现、结构形式都是围绕建筑内部空间塑造的要求展开，这在建筑设计学上具有开创性的意义。万神庙的结构体现一种变革——拱券技术在万神庙得到了极致经典的运用，将代表罗马时代建筑成就的拱券技术的运用向前迈进了一大步，以至于直到20世纪，这都是整个欧洲大陆最大的室内空间，达到了前所未有的技术高度。

万神庙在建筑美学方面开创了一种简单而震撼、重复而肃穆、象征而崇高的艺术境界。中央圆洞的设计把神像和苍穹联系起来，通过射入太阳光影的变化营造出难以言状的神秘感，这正是东西方宗教建筑都在追求的最高境界，万神庙通过建筑技术的极致运

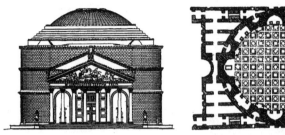
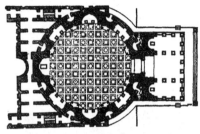

图 4-4

万神庙
左上：立面图；右上：平面图；左下：外观；右下：穹顶内部

用，将这种空间意境发挥到了极致，是建筑意境创造的经典作品
（图 4-4）。

　　对比千年之后建于中国明代（1420 年）的天坛祈年殿，同
样是一座反映祭天主题的建筑，建筑也采用了圆形平面，这个
形态反映中国古代"天圆地方"的朴素自然认知哲学，在建筑
技术和空间特色的营造方面也创造了当时木构件建筑所能达到
的极致（图 4-5）。采用不同材料、不同建造方法建造的圆形建筑，
能够清晰地折射出东西方建筑在空间特色、建筑形态、装饰细
节方面的诸多不同。


## 高塔与崇高

　　无论东西方建筑，通过建筑的高度表达对崇高主体的敬意
是运用得非常普遍的象征手法。人类自从有了建筑，就从来没

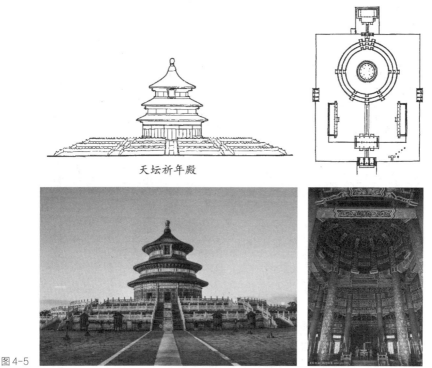

图 4-5

左上：立面图；右上：平面图；左下：外观；右下：室内

有放弃对高度的探索，这是一种对于建造技术、结构技术、建筑材料的综合挑战。高耸建筑的主题，往往也与崇高感的塑造息息相关。

对于乐于炫耀功绩又乐于市民生活的罗马人来说，广场与纪功柱无疑是这种想法的最好表达。恺撒广场开启了帝国时代广场的新纪元，后世帝王纷纷相仿，历经一个世纪，在原有广场北侧陆续建设了奥古斯都广场、韦帕香广场、乃尔维广场和图拉真广场。图拉真广场是这组广场群中规模最为宏大的，出现在罗马空前强盛时期，由叙利亚建筑师阿波罗多洛斯所建，纵深 300 米，是一组严格中轴对称、纵深布局的建筑群（图 4-6 左）。图拉真市

图 4-6

左：图拉真纪念广场；右：图拉真纪功柱装饰

场和图书馆均向市民提供公众服务，图拉真环形市场是该广场保存相对完整的建筑。

图拉真纪功柱于公元 113 年落成，以其精美浮雕而闻名。饰带浮雕采用前进式散点透视方法，2500 个人物的构图紧凑，画面繁而不乱，生动自如地把层次复杂、琐碎的场面组成了一幅长达200 米的狭长带状画面（图 4-6 右）。

中国古代的祭奠或纪念活动通常是在庙祠中完成，除了祭祀先祖之外，还用于祭祀特殊的人物或神佛。其建制通常与陵墓相同，以安置神位的堂殿为中心，入口建阙，兼有石兽、石人、石碑等。而石阙实则是石门的一种，有一对柱子，但中间无门，用作铭记官爵、功绩或装饰之用。

汉阙是中国古代特有的建筑设施，每阙均由主阙和子阙组成，一般包括阙墓、阙身、阙顶三部分，对古代历史文化、建筑、雕塑、美术有着重要价值。高颐阙建于汉献帝建安十四年（公元 209 年），是我国唯一将碑、阙、墓、神道、石兽等均保留完整的汉代葬制实体，阙身雕刻精美，题材多源自古代经典文献。阙以红砂石英岩石叠砌，阙顶仿汉代木结构建筑，有角柱、枋

图4-7

雅安高颐阙——现存最早的中国古代建筑物之一

斗等构造形式出现，也表现了古代建筑企图通过模仿木材结构
做法来实现石材的力学支撑（图4-7）。

秦始皇与汉武帝均热衷祭祀神仙，而佛教大约在汉代传入中
国，因此祠庙的建设必不可少。

"帝梦金人，身高丈六，项佩日轮，光芒四射，金色灿烂，
飞行于殿。帝醒为奇，翌晨问太史傅毅曰：'何兆也？'对曰：'西
方有神，其名曰佛，陛下所梦，即佛也。'于是派遣蔡愔等十八
人西访，至大月氏国，遇迦叶摩腾及竺法兰二圣僧，持佛像、舍利、
贝叶经东来，迎至洛阳。帝悦之，建白马寺为二圣僧译经场。"

——《后汉书·西域传》

永平七年（公元67年），汉明帝夜梦金人，遂派18位大臣
出访西域，他们到达北天竺国，遇到了竺法兰和迦叶摩腾两位阿
罗汉圣者，将其迎回汉土，并在洛阳雍门兴建伽蓝，名曰"白马
寺"。虽然白马寺建成之前，佛教已经传入中国，但真正意义的
佛教建筑并没有大规模出现。塔作为收藏舍利的建筑形式而存在，

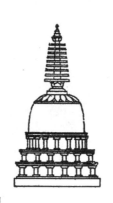

图 4-8

佛教建筑中几种经典的佛塔造型

必定受到印度的特有样式影响，毕竟在中国建筑中尚无可参照的同类性质的建筑形式。印度的窣堵坡传入大月氏过即犍陀罗地区后，融入泰西手法，形成更接近中国的塔形式。实际上，窣堵坡越向东则越接近中国样式的佛塔，最终由印度窣堵婆发展成为中国式的佛塔（图 4-8）。

中国塔表现为多重样式，每层必有天顶，以远远伸出的屋檐暗示塔为木造，若檐部较浅则为砖造。建于北魏正光四年（公元 523 年）的河南嵩岳寺塔是我国现存最古老的砖塔，同时也是唯一一座平面为十二边形的佛塔。与中国传统的楼阁式佛塔不同，该塔塔身之上以叠涩出挑，檐间距自下而上逐渐缩短，外轮廓曲线圆润向内收分，塔刹形成微缩的窣堵婆造型。塔高约 49 米，底径约 10.6 米，内部为八边形，各层为木造楼板，底部为砖构地面，标志着中国砖构技术融合外来建筑文化，中国式密檐塔趋于成熟（图 4-9）。

建于 1173 年的比萨斜塔，也是世界建筑史上的一座重要建筑，圆柱形设计与比萨大教堂相得益彰，以白色大理石与石灰石砌成

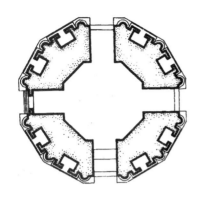

的两种白色色带，古朴而灵巧的建筑造型，堪为罗曼史建筑艺术典范（图4-10）。

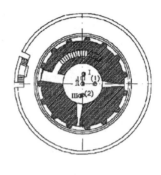

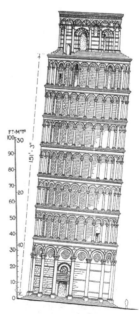

图4-9

嵩岳寺塔。

上：平面图；下：立面图

图4-10

比萨斜塔。

左：平面图；右：立面图

## 技术与美学

石头是人类历史发展进程中最为古老的建筑材料之一，其坚固和耐久的材料特性与人类追求永恒的观念不谋而合，从而在建筑领域被广泛应用。早在原始社会就已经出现了规模宏大、布局复杂的纪念性巨石建筑，富有强烈的宗教色彩，成为孕育西方建筑艺术的萌芽。

古埃及的金字塔由 230 余万块、平均重约 2.5 吨的巨石干砌而成，以气势恢宏闻名于世。而古埃及的神庙是最早运用梁柱体系的石头建筑之一，神庙内石柱林立，建筑空间昏暗压抑，反映着王权社会的神秘气息。古希腊的神庙则呈现出一种开朗、纯净的风格，以雅典卫城为代表的古典建筑，通过对在神庙造型中起关键作用的石柱不断进行推敲，发展出多立克、爱奥尼与科林斯三种古典柱式，在构图和比例上都达到了极高的水平。古罗马的建筑不但继承和发展了古典柱式，而且在结构上创造出梁柱与拱券相结合的体系，将石头建筑向前推进了一大步（图 4-11）。

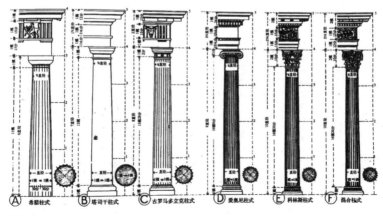

图 4-11

古罗马五种柱式

　　我国的砖石建筑随着最初的建造开始出现，砖石结构技术也随着各时期社会的发展不断演进。早期，砖石建筑主要用于地下陵墓与地下其他工程。随着砖的出现和瓦的发展，拱券与穹隆结构的发展，带动了砖石结构的进一步发展（图4-12）。从战国、西汉至东汉，墓室由梁式空心砖发展为顶部应用拱券和穹隆的结构形式。除了利用砖拱实现对墓室规模扩大的诉求，还在岩石上开岩墓，或以石材砌筑梁板式墓或拱券式墓。东汉晚期的山东沂南石墓（图4-13）是我国古代石墓的代表，由梁、柱和板构成，且石面有精美雕刻。从平面上来看，整座墓穴由280块雕琢精细、对缝严密的预制石材构件装配而成，中间立柱分为两间，前室和中室各有一八角中心柱，上部为大尺度石构仿木斗栱，下部有柱础（图4-14）。每间石室顶部皆以条石抹角或叠涩砌为藻井，雕刻细腻的汉画石像主题多变，气势恢宏。

　　同期的公元395年，古罗马帝国分裂，东罗马帝国于君士坦丁堡诞生，史称拜占庭帝国。公元4～6世纪，堪为拜占庭帝国

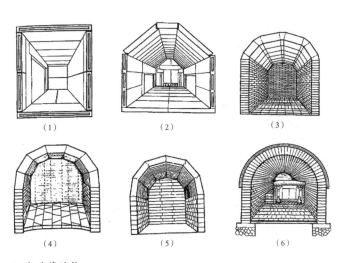

（1）　　　　（2）　　　　（3）

（4）　　　　（5）　　　　（6）

图4-12

汉代砖墓结构

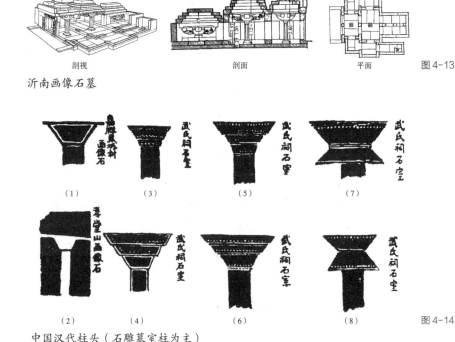

剖视　　　　　　　　　　剖面　　　　　　　　　平面　　　　　　图 4-13

沂南画像石墓

（1）　　　（2）　　　（3）　　　（4）　　　（5）　　　（6）　　　（7）　　　（8）　　　图 4-14

中国汉代柱头（石雕墓室柱为主）

的鼎盛时期，查士丁尼一世几乎统一了原罗马帝国的大部分领土，并于君士坦丁堡建造大量世俗与公共建筑，其中圣马索大教堂便是其中的代表之作。这一时期的拜占庭建筑，继承了古罗马时期的穹顶技术与巨大规模的同时，实现了在穹顶下的集中式平面构图，逐渐演变为正十字形的"希腊十字"构图。于是，帆拱结构（图 4-15）的出现，成功将荷载转移到四角的柱墩上，成功解决了方形平面与巨大的圆形穹顶间的结构技术问题。

依赖帆拱技术，直径达 31.9 米的巨大穹顶成功支撑于圣索菲亚大教堂这座巴西利卡式大教堂的中庭上空（图 4-16），整个穹顶置于 56.2 米的高空之上，其巨大的室内空间，让人联想到万神庙。与由混凝土浇筑的万神庙不同，圣索菲亚大教堂是靠砖砌而

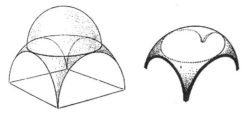

图 4-15

帆拱

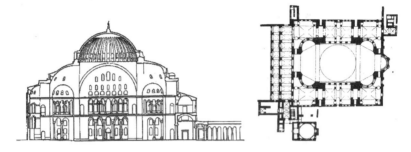

图 4-16

圣索菲亚大教堂。

左上：剖面图；右上：平面图；下：外观

成的。在小亚细亚，用于配制罗马混凝土的火山灰极难得到，而由当地的材料配制而成的混凝土难以满足巨大穹顶的构筑需求。因此，砖拱技艺在小亚细亚与中东地区是自古的建筑传统。但是，即使砖砌穹顶要比混凝土浇筑的万神庙穹顶轻薄很多，但仍有极大的侧向推力。万神庙可以借由实墙抵消推力，而圣索菲亚大教堂则需要通过帆拱将荷载传入四大柱墩，并于东西向将中央穹顶的水平侧推力通过层层跌落的半穹顶逐层化解。

中国建筑一直以木材为主要建筑材料，并且延续两千余年而未曾改变，这个体系与西方建筑的发展历程有非常明显的区别。

实际上，我国古代砖石技艺在很早就得到发展，并在地下陵寝等方面应用广泛。由于中国古代一直奉行"木主阳，石主阴"的哲学，给人居住而建造的建筑绝不用石作，导致我国建筑技艺在石材上的应用未得到充分认识和开发。梁思成先生（1901—1972）曾指出：

"中国石匠既未能尽量利用石性之强点而避免其弱点，故对于垫灰问题，数千年来，尚无设法予以解决之努力。垫灰材料多以石灰为主，然其使用，仅取其粘凝性；以为木作用胶之替代，而不知垫灰之主要功用，乃在于两石缝间垫以富于黏性而坚固耐压之垫物，使两石面完全接触以避免因支点不匀而发生之破裂。故通常以结晶粗沙粒与石灰混合之原则，在我国则始终未能发明应用。"

——梁思成 《中国建筑的特征》

## 超然世外

魏晋至唐是中国国古代美学思想走向成熟的一个重要时期，也是中国古代建筑发展的一个重要时期；尤其在园林艺术方面，是中国古典园林艺术发展中非常重要的时代，奠定了中国园林艺术的审美基调。

园林艺术主要是供人们休闲养性而建，因此审美功能突出、艺术底蕴深厚，成为中国建筑乃至中国传统审美文化中最具代表性的艺术种类之一。

魏晋时期诞生了一座中国艺术的高峰——书法艺术。中国书法艺术是中华文明特有的书写艺术形式，以独特的艺术魅力成为世界艺术领域中自成天下的艺术门类。中国书法艺术始于春秋战国，成熟于秦汉，在魏晋南北朝时期达到炉火纯青的境界，世人常将"汉文、晋字、唐诗、宋词、元曲"相提并论，足见魏晋时期书法艺术成就之高。晋代书法飘逸潇洒、流美研媚，反映了当时文人士大夫阶层的清闲雅逸。晋人书法又以王羲之（303—361）为代表，他擅长行书、楷书、草书，他承古法、变新风，创造了一种流畅、雅俊的新书体，对后世具有深远影响，被誉为"书圣"，代表作品有《兰亭序》《初月帖》《快雪时晴帖》等，尤其《兰亭序》，以酣畅飘逸的运笔、流畅快意的形体、错落多变的结构、潇洒出尘的风致独步中国书法艺术之林，被称为"天下第一行书"。

魏晋时期这种审美逸趣影响了后世千年的中国艺术审美，对书法、绘画、诗歌、辞赋、赏园、品石产生了直接而深远的艺术审美影响。从这层意义上来讲，魏晋时期是中国古代艺术史上的一座清逸高远的艺术高峰（图4-17）。

图4-17

冯承素摹《兰亭序》

## 归隐山野——东方审美的盛境

魏晋时期的园林艺术与山水诗、山水画同步发展，相互促进。这一时期的园林发展已经扬弃了以宫室、楼阁为主题的建筑化宫苑形式，形成以造池叠山为主要特征的自然山水格局。这种园林构成以自然环境、自然风景的写照为目标，因地制宜地利用既有环境进行如诗如画的设计创作，产生诗、书、画相通的园林意境。

这一时期伴随着文人园林的产生，对后世士人影响最为深远者当属陶渊明（352—427）和他的田园理想。后世效仿陶令退隐田园，几乎成为后代士大夫们退耕处世的理想境界。作为大司马陶侃的曾孙，陶渊明的仕途并不平顺，个人理想无法得以实现，壮志未得酬的陶渊明深感当时官场的无道，终于厌倦了官场，慨叹"我岂能为五斗米折腰向乡里小儿"，于是辞官，过着"躬耕自资"的生活。

陶渊明田园诗中的浪漫主义的色彩实则受庄子"得意忘言""言为意荃"的文艺思想和佛教崇尚"象外之趣"的文艺思想的影响，以寄言出意的象征方法，含蓄地表达超现实的思想与感情。而这种象征手法，和园林用山水花木建筑等物质实体来抒情写志、创构意境的手法契合。

园林追求"片山多致，寸石生情"，"在涧共修兰芷，径缘三益"，兰芷梅竹，高洁雅逸。菊花由于陶渊明的吟咏，成为他的人格象征，陶菊随之成为中国文学和园林中象征高情远致的意象。正因为陶渊明是以人境寓意仙境，才给世人对于仙境有了具象体现的余地，从而创造出了一个亲切而又虚幻莫测的意境。于是，寄奇幻如实境的《桃花源记》便成为我国传统园林

图4-18

清·黄慎《桃花源图》

造景的经典（图4-18）。

"晋太元中，武陵人捕鱼为业。缘溪行，忘路之远近。忽逢桃花林，夹岸数百步，中无杂树，芳草鲜美，落英缤纷，渔人甚异之，复前行，欲穷其林。

林尽水源，便得一山，山有小口，仿佛若有光。便舍船，从口入。初极狭，才通人。复行数十步，豁然开朗。土地平旷，屋舍俨然，有良田美池桑竹之属。阡陌交通，鸡犬相闻。其中往来种作，男女衣着，悉如外人。黄发垂髫，并怡然自乐。"

——《桃花源记》

苏州拙政园的入口就传神地"再现"了武陵渔人发现桃花源的过程（图4-19）。旧园门设在住宅界墙间窄巷的一端。进入旧园门，走进夹道，只见两旁界墙高耸，夹道曲折，不见尽头，唯

图4-19

苏州拙政园入口对《桃花源记》意境的现实表达

有隶书砖额"得山水趣",透露出稍许山水信息,逗引人们继续
前行。再试探着走过一段漫长的窄弄,仍不见山水踪影,游人在
狐疑中北行,良久,始见一腰门,上有隶书"拙政园"三字额。
步入腰门,纵横拱立在游人眼前的,却是一座峻奇刚挺的黄石假
山。山上石笋参差,山径窈窕,藤萝漫挂,石隙中时有花卉枝条
迎风摇曳。假山挡住了游人视线,走近假山,见山有小口,幽邃
可通人。进入石洞曲折摸索前行,须臾,即见洞口有光,循光而行,
即出石洞,始见小池石桥,主厅远香堂回抱于山池之间,走近远
香堂,明窗四面,眼前豁然开朗,茂林碧池,亭榭台阁,环列于前,
恰似武陵渔人初见桃花源的情景,意味无穷。

　　桃花源是高于陶渊明现实田园的理想化存在,代表了诗人
理想的社会形态,而这种社会空间正是架构在一个"良田、美池、
桑竹之属"的园林空间之上。陶渊明的田园诗纯朴自然、高远
拔俗的意境与中国古典园林风格高度一致,他的诗文艺术意境
与园林境界深刻契合。这是当时文人对清逸淳朴的田园生活的
热爱,充分表现了他对理想世界的追求和向往。其实,自然之
美从来都是人类所向往的,园林则是这种理想在生活现实中的

空间载体。

## 道法自然——东方美学的玄幽

魏晋南北朝时期是中国传统山水审美艺术的成形期，随着思想的解放，道家哲学逐渐摆脱了儒家伦理的束缚，更多地探求天道与人性的本源。魏晋时期很多文人选择寄情于山水之中，试图在山水自然之间寻求精神上的自由世界。

纵观中国古典园林，表现手法大多都是顺应自然，树无行次、石无定位，不时借景、对景、框景，给人以步移景异的绝妙体验，而究其根本，文人所追求的本就不在一石、一木、一花草（图4-20）。

*"尽意莫若象，尽象莫若言。'言者所以明象，得象而忘言；象者所以存意，得意而忘象。是故存言者非得象者也，存象者非得意者也。言既不尽意，故贵在意会。'"*

——王弼《易》

图4-20

左：无锡寄畅园；右：丰特莱的西多会修道院

图4-21

左：留园冠云峰；右：凡尔赛宫花园雕塑

　　曹魏经学家、哲学家王弼（226—249）巧妙地将汉代经学转化为玄学，进一步归纳"言""意""象"三者的关系。以意为主，忘言或忘形都不足为虑。因为言与象都是意的外在体现。玄学中所强调的"得象忘言""得意忘形"的价值，恰恰给中国古典园林中所营造的难以言表的绝妙佳境和表现意图一个完美的解释（图4-21）。

　　而此时的士人尊崇玄学，而玄学便是由道家思想发展而来。它引起了士人内在人格的觉醒，唤醒了人们对人性自由的追求，进而激发了对自然山水的热情，产生了具有独立意义的山水审美意识（图4-22）。这种对山水的向往追求最终成就了中华民族所特有的山水审美精神。山水审美精神的形成从根本上影响了后人造园的立意与审美。

　　道家思想对中国古典园林有着极其深刻的影响，"道法自然"是道教哲学的核心，它建立了道与自然的联系，强调一种对自然的崇拜。而对中国古典园林而言，"道法自然"正是景观设计的指导原则，强调在超越世俗的境界之上享受自然之美。而这种美

图 4-22

左：无锡寄畅园；右：兰特庄园流水台阶

是主观与客观、感情与理智的和谐统一。中国园林中的建筑，往往依山水而建，参差错落，曲折通幽，其意就在于寻求与自然的和谐融合。

## 信仰与现实

唐初，伊斯兰教诞生，世界三大宗教齐备。

欧洲的"中世纪"，指的是罗马帝国灭亡之后到文艺复兴出现之前的时期，通常被认为是自 476 年罗马最后一个皇帝遭到废黜开始，直到 15 世纪意大利文艺复兴开始的千年时间。对于"中世纪"在世界文明史上的地位，有着截然不同的两种观点：一种认为，曾经的古典经典在这一时期被抛弃，精湛的艺术技艺失传，文明在倒退，故将这一时期称为"黑暗的中世纪"；另一种认为，中世纪不但不是一个黑暗时期，反而正是近代欧洲各民族国家形成的时期。在罗马帝国的东部地区，中世纪出现了拜占庭和伊斯兰这两种文明，这两种文明在这一时期得到长足的发展，是诞生世界文明多元性的交融时期，也为之后的文艺复兴奠定了科学、艺术、技术的基础，"中世纪"不再具有完全被贬低的意义。

拜占庭帝国始于君士坦丁皇帝将首都由罗马东迁至拜占庭开始，在团结的阿拉伯穆斯林面前，深知伊斯兰教义已经削弱了自己的统治。贞观十二年（公元638年），当时拜占庭希拉克略王朝皇帝君士坦斯二世试图通过重申耶稣一志论，通过宣扬耶稣具有人、神双重意志，只有上帝具有一种意志的言论团结信众，却遭到教皇的谴责，而君士坦斯二世毫不留情地逮捕了教皇。拜占庭文化一直处于与罗马宗教文化的主导斗争和与伊斯兰文化的生存斗争中蹒跚前行。

我国唐朝的宗教发展同样在此时几经波折。唐太宗时期，崇道抑佛，到武则天当政，宣扬佛法以弱化男尊女卑的观念，使得中国佛教一时鼎盛。此时的中西方建筑在宗教建筑中表现出了很高的艺术造诣，在不同的文化背景下，宗教文化所传达的精神信念促使工匠以更高的建筑技艺创造建筑艺术的精品。

**信仰的美感**

"一切宗教都是建筑的宗教。"

——赵鑫珊 《哥特建筑：上帝即光》

伊斯兰教艺术多用植物花卉等作为建筑装饰图案，在建筑中将几何关系发挥得淋漓尽致，通过点、线、面的错综变化，精心雕琢门、窗、柱的几何装饰，以变幻莫测的采光效果获得建筑的神秘感（图4-23）。东方寺院内部常以天神形象作为装饰主题，自然图案和世俗生活较少进入宗教建筑的装饰里（图4-24）。

图4-23

左：科尔多瓦的大清真寺花瓣形券；右：阿尔汗布拉宫装饰细节

图4-24

左：佛光寺东大殿室内塑像；右：北京天宁寺塔石雕

  位于伊拉克萨马拉的大清真寺（图4-25）是迄今为止最大的伊斯兰寺院，是建于公元9世纪伊拉克阿波斯王朝时代的建筑力作。整体建筑在方形底座上盘旋升起，总体平面尺寸约为238米×155米，严整的几何逻辑与东北面中轴线的宣礼塔形成强烈对比，塔体雄浑有力，塔身的材料细节与清真寺浑然一体。高与低，规整与扭转，高耸与平齐，相互对比映衬，形成了萨马拉大清真寺不同凡响的建筑美感，同时也凝聚了伊斯兰教巨大的感召力。

  同一时期的基督教在表现人的主题上，则是进一步发展着极致的追求。随着西欧先后建立了日耳曼德国、意大利、法国、英格兰等多个独立政权并皈依罗马天主教，教堂成为教徒与信徒之间的精神和心灵聚合的中心，导致西方宗教艺术主题和构图发生

图 4-25

萨马拉大清真寺

图 4-26

左：巴黎圣母院室内；右：巴黎圣母院大门装饰

变化。自 12 世纪以后，稳重端庄的罗马风的基督坐像逐渐转化成了表现其十字架上殉难形象，而人们普遍认为天性慈爱的圣母，正是因为悲悯世人的疾苦，才肯让自己的儿子殉道，于是基督教义中出现了以“爱”为主题的艺术表现。随着基督教的扩张，该时期的建筑开始在立面中追求纵向垂直的线条，以求在教徒的心理层面使之对耶稣殉难获得更深的感悟，以更接近天堂的姿态表达对神灵的更加崇敬之情（图 4-26）。

矗立在塞纳河畔的巴黎圣母院（图 4-27），被雨果称为“石头的交响乐”，亦因为同名小说的流传，使之举世闻名。整座教

图 4-27

巴黎圣母院实景照片

堂于 1345 年全部完工，历时 180 多年，是一座典型的哥特式教堂，它的立面严正有序，严格对称，两条连续的假券与 28 位以色列和犹太国王雕像，将高达 69 米的高塔分为三段，正中直径达 10 米的玫瑰花窗精美绝伦。其祭坛、回廊、门窗等处的雕刻和绘画艺术，以及内部珍藏的 13 ～ 17 世纪艺术品亦颇负盛名。教堂内外各处雕塑极大程度呈现了当时西方对雕刻艺术的极致追求，尖券门楣之上是最后的审判，门中柱上以及上方门梁均有耶稣的形象出现。而建筑外部的恶魔怪像和卷叶雕刻为整个建筑平添了几分轻松与神秘。

正当欧洲艺术的宗教情结仍在造型的逼真上不断努力时，中国画家则在诗歌与山水间寻求出口，以欣赏山水、花鸟、书法为情怀的文人画意识开始萌芽。公元 1100 年，宋徽宗继位，北宋著名建筑学家李诫编纂的《营造法式》对中国传统的砖、木结构技艺进行总结，上承隋唐，下启明清，明确规定了建筑从整体到局部的加工方式，如立面处理、殿堂大木作、厅堂大木作等，对研究我国古代建筑技艺的发展，具有重要意义。于是，中国在木构建筑深、阔的建筑空间下，把对"高"的追求转化为"高远"的境界，将中国传统理念中的"天人合一"彰显得淋漓尽致（图 4-28）。

宗教建筑是人类生活中的特定类型，人们投身于此寻求精神解脱以求慰藉。作为宗教信仰的物质载体，宗教建筑是不同宗教观念意识形态的物化体现，诠释了某些超越建筑本身的意义。精神的追求在依托建筑技艺进行表达的同时，也促进了建筑技术的演进。在建筑艺术与技艺的相互推动下，演绎出了独具特色、辉煌璀璨的宗教建筑之美。

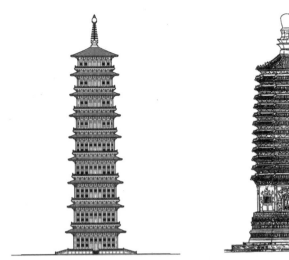

图 4-28

左：北魏永宁寺塔立面图；右：天宁寺塔立面图

## 近天与贴地

教堂作为宗教信仰的标志，在欧洲往往成为城市的核心，也经常成为一座城市的代表性建筑，亦是城市的灵魂。建筑本身的建造则极尽所能，以求给信众以心理及精神的寄托感。教堂建筑内部中心向上高耸封闭的空间形态，暗示上帝环抱信众，高大的空间形成高耸近天的意向，巨大空间所带来的声学上的悠长混响感受，也让信众从听觉感悟到神灵仿佛存在的空悠感。

哥特教堂就是表达这种意义的典型建筑类型，它的出现似乎就是为宗教而生的。米兰大教堂是一座典型的哥特教堂，历时五个世纪的已建成总建筑面积达 11700 平方米，能够容纳 35000 人，这种巨大单体建筑的体量在中国传统宗教建筑中是没有的。其极度高耸的垂直空间让人心生崇敬，使信徒在此如同进入天堂，沉浸于对于信仰的无限向往中，是一个令人充满崇敬感的空间。黑格尔曾如此评价哥特建筑之美：

"方柱变成细瘦苗条，高到一眼不能看遍，眼睛就势必向上转动，左右巡视，一直等到看到两股拱相交形成微微倾斜的拱顶，才安息下来，就像心灵在虔诚的修持中起先动荡不宁，然后超脱有限的世界纷纭扰攘，把自己提升到神那里，才得到安息。"

——黑格尔

哥特建筑结合拱券技术将内部空间连接成为一个独立于世俗世界的空间体系，墙壁和屋顶交接的拱券结构并非直角，柱子直耸上天，顶部的尖券形态仿佛信众灵魂被托起并接近天堂的大门。这种幽暗而略带悲情的美感，更强化了信众对天堂的向往与热爱，渴望超度，令人产生敬畏的美感（图 4-29）。

即使受到木构建筑的种种局限，中国的木构建筑也并非无所作为。据《洛阳伽蓝记》中记载，北魏洛阳城的皇家寺院永宁寺塔为木结构，高九层、一百丈（一丈约 3.33 米），百里外也清晰可见。唐 689 年，武则天为感应四时，与天沟通，在洛阳太初宫的宫城内兴建明堂、天堂两栋建筑，天堂内以夹纻工艺制造大佛，成为御用礼佛场所。据《资治通鉴》记载：天堂高 5 层，且在第三层就已经高于明堂。现有文献认为明堂的高度应在 90 米左右，以此推算，天堂的高度至少在 150 米以上。在唐朝，佛教表现的世俗化倾向，以更高大巍峨的建筑形象来体现女皇无上尊贵的权利，高不可攀（图 4-30）。

与石砌建筑比起来，木构建筑的天然尺度受到限制。但中国传统建筑则发展成为与西方建筑完全不同的生长逻辑，以模块组合取胜，以拼合、接长、榫卯连接等方式，将木材组合成巨大的结构构件。

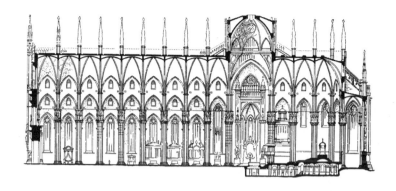

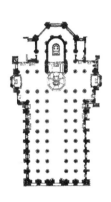

图 4-29

米兰大教堂。

上：剖面图；左下：立面图；右下：平面图

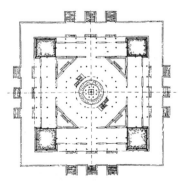

图 4-30

武则天明堂。

左：平面图；右立面图

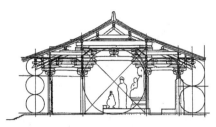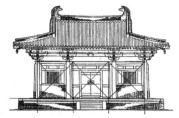

图 4-31

左：佛光寺大殿的比例关系；右：南禅寺大殿的比例关系

"构屋之制，皆以材为祖，材有八等，度屋之大小因而用之。"

——《营造法式》

《营造法式》是我国古代最完整的建筑技术书籍，也标志着我国古代建筑于宋代已经发展到了较高阶段。中国传统建筑是模块的组合，而整个建筑群又是多个单体组成的群落。以模块化的组合方式展开，形成井然有序的程式化建筑美学（图 4-31）。

实质上，中国的宗教建筑空间与世俗建筑空间并无二致，几乎脱胎于世俗经验的基础上，与西方宗教建筑超然于城市之上的方式完全不同（图 4-32）。自古深山多古刹，我国的宗教建筑大多隐匿于深山之中，彰显天人同构、返璞归真的自然美学。一些佛寺、道观往往沐浴自然之中的山水阳光，彰显了现世解脱的从容境界（图 4-33）。

## 石造与木作

纵观西方宗教建筑发展，从金字塔到神庙建筑、拜占庭教堂，再到中世纪的哥特教堂，都堪称石作建筑的经典。在西方的建筑智慧中，似乎赋予了石材不受空间跨度和高度限制的特质。罗马人运用混凝土技术，创造了直径高达 43 米的万神庙巨大穹顶，

图 4-32

左：科隆大教堂鸟瞰图；右：米兰大教堂室内

图 4-33

五台山建筑群

并由独立帆拱支撑形成集中式宗教建筑空间。直至 20 世纪，神的尺度逐渐成为西方宗教建筑的准则，古希腊时期极力效仿的人的比例之美已经被取代，于是一切建筑技艺均建立在神的建筑尺度和原则之上。尖券肋拱的出现，改变了原有的教堂建筑形制，

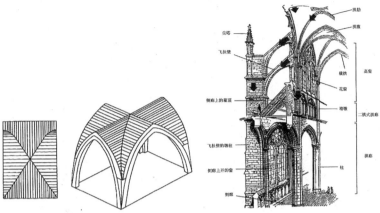

左：尖十字拱；右：哥特教堂剖面

图4-34

　　建筑的高度和跨度不再受限，直接推动了哥特式教堂在高度上的不断追求（图4-34）。

　　高度居世界第三的德国科隆大教堂（图4-35左上）是欧洲北部最大的教堂，亦集宏伟与细腻于一体，历时600年的建设，堪称哥特教堂中的典范。科隆大教堂中厅高46米，宽12.6米，高宽比竟达到1:3.8，这种极度狭长的建筑空间源于哥特建筑对于高度的追求。垂直高耸的外立面，高达157.38米直通云霄，表达了信众接近天堂的追求。哥特建筑整体高耸、纤瘦且尖耸，一切门洞、凹龛、扶壁等均装以尖券、尖顶，使得整体建筑都直刺苍穹。强烈的高度纵深，对于向上美感的追求，满足了信众脱离凡尘、抵达天国动势的精神追求。

　　在建造科隆大教堂的200年前，始建于辽清宁二年（公元1056年）的应县木塔，是世界上现存最高的古代木构建筑，以其全木构的缜密设计与精湛工艺，闻名于世（图4-35右上）。应县木塔是高为67.31米的楼阁式塔，底层直径30.27米，平面呈八

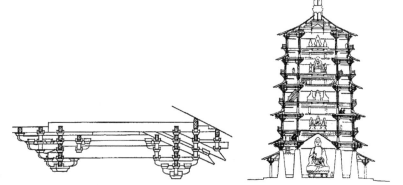

图 4-35

左上：科隆大教堂外立面双塔；右上：应县木塔外观；左下：应县木塔斗栱；
右下：应县木塔剖面图

角形。自下而上由砖石台阶、木构塔身、砖砌刹座和铸铁塔刹组成，即使遭遇多次自然灾害，甚至战争炮击，依然屹立不倒，这都倚赖于木塔优良的结构性能（图 4-35 左下、右下）：

"一是采用八角形的平面，比正方形平面减少 5% 的风压，有利于抗风性能的增强；二是采用底层副阶直径 30.27 米、外槽直径 23.69 米的大尺度，使塔的总体比例偏于粗壮，有利高宽比的稳定；三是采用内外槽双层套筒式的平面和结构，意味着把中心塔柱扩大为内柱环，大大增强了塔的整体刚度；四是采用殿阁型构架，由塔身各层斗栱和平坐斗栱组成 9 个铺作层，形成 9 道强有力的刚性环；五是在平坐暗层内添加立柱、斜撑，把平坐柱网与其上下铺作层联结成整体框架，使 4 个暗层变成了 4 层刚性层；六是合理安排门窗、楼梯，塔的原状是二至五层仅在 4 个正面当心间辟格子门，正面次间和斜面各间全部用灰泥墙，各个次间墙内都加斜撑，大大提高了外槽柱的稳定（可惜 1935 年重修时，将各层墙面统统拆改为格子门，斜撑拆除后十余年，塔身即发生扭动）。塔内楼梯的安排也考虑塔身结构的需要，采取逐层移位的布置，避免楼梯垂直重置带来结构的不利环节；七是尽量少用大料，多用小料，9 层塔柱均为叉柱造，除第一层外，其他 8 层的 16 种内外槽柱，有 14 种柱高都在 1.35 ～ 2.86 米之间。短柱小料有效减轻了塔身的自重；八是加固底层的最不利环节，将荷重最大、柱身又最高的底层内外槽柱，分别用厚 2.86 米和 2.60 米的砖土墙包砌，起到了稳定底层柱网的作用，在二、三、四层内外槽柱和五层外槽柱的内侧，也增添了附加的抱柱，以辅助柱网的稳定。"

——候幼彬、李婉贞　《中国古代建筑历史图说》

"凡用柱之制……若厅堂等屋内柱，皆随举势定其短长，以下檐柱为则若副阶、廊舍，下檐柱虽长，不越间之广。"

——李诫《营造法式》卷五《大木作制度二·柱》

佛光寺大殿是隋唐时期幸存下来的木构建筑之一，大殿面宽七间，进深四间。由于中间减去了四柱，形成的面宽五间、进深两间的空间供以佛像。由于整个大殿的前后柱等高，整体空间自外向内逐渐升起，所以高处的部分以多层柱头枋构成围合壁体，是中国古代建筑的典范（图 4-36）。

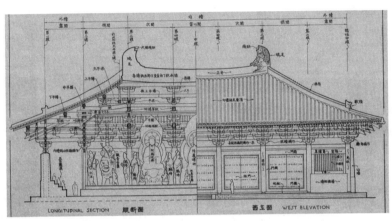

图 4-36

佛光寺大殿剖断面及立面图

第五章

# 理性与人文

最好的建筑是这样的，我们深处在其中，却不知道自然在那里终了，艺术在那里开始。

——林语堂

## 现代主义建筑之美

现代主义建筑思潮产生于 19 世纪下半叶，成熟于 20 世纪初期，直至五六十年代风行世界。随着包豪斯艺术学校的诞生，在格罗皮乌斯的引导之下，包豪斯成为 20 世纪初期欧洲最激进的艺术和建筑中心，在这股建筑革新的思潮的引领下，涌现了一批包括格罗皮乌斯在内的，如路德维希·密斯·凡·德·罗、勒·柯布西耶、弗兰克·劳埃德·赖特等现代主义建筑先驱，他们分别代表了在技术与艺术的结合、极简、粗野和田园浪漫主义等不同审美倾向，奠定了现代建筑的发展，也直接影响了后世建筑美学思想的发展。

### 设计之美

在欧洲建筑界的艺术传统中，"技术"与"艺术"是颇为鲜明的两条线索，其成因根植于艺术概念与分类的演变，也形成于技术在建筑艺术发展过程中的推动作用。在传统的欧洲艺术学中，艺术被分为"美的艺术"和应用美术，绘画、雕塑和建筑等被认为是"美的艺术"，而在当代，建筑更多地被划入应用美术范畴。

沃尔特·格罗皮乌斯（Walter Gropius，1883—1969）现代建筑师和建筑教育家，现代主义建筑学派的倡导人之一，包豪斯的创办人（图 5-1）。

格罗皮乌斯一向倡导理论和实践的结合，提倡建筑设计与工艺的统一，艺术与技术的结合，讲究功能、技术和经济效益。他不仅提出了新的功能和表现出新的美学观点，并且提出功能和美观是同现代材料和结构技术分不开的。

图 5-1

沃尔特·格罗皮乌斯

　　把大量光线引进室内，是当时现代主义建筑学派主张的现代功能观点的一个主要方面。欧洲传统建筑大多室内幽暗，阳光很少，而格罗皮乌斯设计的房屋有较大的窗户，有阳台。在总体布局上，为了保证阳光照明和通风，摈弃了传统的周边式布局，提倡行列式布局，并提出在一定的建筑密度要求下，按房屋高度来决定它们之间的合理间距，以保证有充分的日照和房屋之间的绿化空间。他对建筑功能的重视还表现为按空间的用途、性质、相互关系来合理组织和布局，按人的生理要求、人体尺度来确定空间的最小极限等。

　　格罗皮乌斯将"建筑"与"房子"结合，组成 Bauhaus 一词，使其兼具有艺术与技术的双重属性，寄托了它将艺术与技术结合的理想，成为这所以设计为主的学校的名称，也成为一种设计理想和审美思想的代名词。他认为在社会生产飞速发展的时代，精雕细刻的工艺品与手工业生产方式不可能满足人们的需求，需要有一种适合工业时代基于工业建造基础上的设计美学，来指导工业产品、建筑等实用美术的设计与制造。这种设计理念，就是将手工业的精神与现代工业的生产方式结合，将手工艺的技巧与系统化的产出相结合，并将其发展为一种设计哲学和建筑美学。格罗皮乌斯一手创办包豪斯学校，并作出如下宣言：

"完整的建筑物是视觉艺术的最终目的。艺术家最崇高的职责是美化建筑。今天，他们各自孤立地生存着；只有通过自觉，并且和所有工艺技术人员合作才能达到自救的目的。建筑家、画家和雕塑家必须重新认识：一栋建筑是各种美观的共同组合的实体，只有这样，他们的作品才能灌注进建筑的精神，以免流为'沙龙艺术'。

建筑家、雕塑家和画家们，我们应该转向应用艺术。

艺术不是一门专门职业，艺术家与工艺技术人员之间并没有根本上的区别，艺术家只是一个得意忘形的工艺技师，在灵感出现，并且超出个人意志的那个珍贵的瞬间片刻，上苍的恩赐使他的作品变成艺术的花朵，然而，工艺技师的熟练对于每一个艺术家来说都是不可缺乏的。真正的创造想象力的源泉就是建立在这个基础之上。

让我们建立一个新的艺术家组织，在这个组织里面，绝对不存在使得工艺技师与艺术家之间树起极大障碍的职业阶段观念。同时，让我们创造出一栋将建筑、雕塑和绘画结合成三位一体的新的未来的殿堂，并且用千百万艺术工作者的双手将它耸立在云霞高处，变成一种新的信念的鲜明标志。"

——《包豪斯宣言》

在格罗皮乌斯看来，建筑应该是艺术教育的起点和归宿，建筑应该是结合了艺术、技术和社会经验之大成的具有强烈社会性

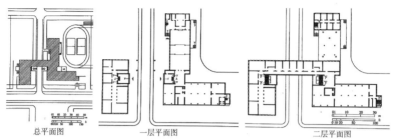

图 5-2 包豪斯校舍总平面及一、二层平面图

图 5-3 格罗皮乌斯：包豪斯校舍

的综合产品（图 5-2、图 5-3）。建筑应该是足以代表大众真实需求的精神动力，他可以根据社会发展的实际需求而推动艺术发展，绝非艺术家所推崇的略显虚无的灵感或精神。他将建筑作为设计的起点和归宿，是因为他发现在所有的物质产品中，只有建筑才能最大限度地集合一切人类艺术和技术学科来呈现，也只有建筑可以在人类生活中占有如此举足轻重的地位，这也恰恰体现了他对人本主义的推崇。

　　同时，格罗皮乌斯推崇现实手工艺对艺术家的重要性。因为手工艺制品可以给予艺术家更大的自由，从而将艺术全部转化为现实作品，从而增强作品本身的说服力。如果说在格罗皮乌斯之前，艺术是神圣不可侵犯的，他则承担了将传统艺术的神性中注入了人性，让艺术家们从形而上的美学崇拜中，转向日常机械生产和手工艺加工，使艺术更加以人为本，贴近生活。

　　他以一个新兴手工艺人行会的概念，打破了传统工匠和艺术家之间的界限，在建筑这门综合艺术的推动下，使他们可以协同合作，创造艺术与技术的高峰。

　　在包豪斯的设计理念中，人本主义的痕迹相当明显。一方面，包豪斯设计推崇的"功能主义"观念，说到底就是认为设计必须为人性的需求所服务。在此前的装饰艺术运动时期，艺术家们追求的是创造各种美观、华丽的造型，着眼点在于通过加入装饰来避免设计被技术吞噬。而包豪斯则反其道而行之，格罗皮乌斯不止一次地强调过建筑设计不应该落入传统的洛可可风格的窠臼，而应该符合现代社会的特点，尽量节省材料、费用、劳动力和时间，认为设计师应该把时间花在处理立体与平面之间的关系，而不是无关紧要的矫饰。这种艺术主张逐渐演化为一种审美原则，将工业、技术美学视为与传统装饰具备同等价值的艺术方法，甚至是超越传统装饰思想，是更加符合时代进步要求的审美层次。

　　包豪斯的重要理念，是认为大众应该受惠于工业设计的发展，并逐渐将原本处于艺术圈层的艺术活动渗透到当代生活的方方面面，让人们在生活体验的细节中感受到艺术美的随时存在，这是一种大胆而划时代的突破。在此之前，工业设计是只服务于专业领域，而包豪斯的艺术家们的追求恰恰是要让工业设计的发展进入普罗大众的日用品中（图5-4）。那时，工厂的产品往往简单粗糙、

图 5-4

左上：布兰德设计的茶壶；右上：密斯设计的巴塞罗那椅；下：格罗皮乌斯设计的阿德勒小汽车

缺乏美感，而包豪斯众人认为工业产品也可以很有美感，这正是推动他们发展工业设计的源动力之一。他们的设计也往往从大众生活的一般需要出发，追求通过设计提升产品的审美价值和效率，以适宜的材料、可行的工艺实现设计之美……这些都是将设计和艺术的价值拓展到更大的社会层面和更深层的社会生活的尝试。

　　事实上所有认同包豪斯理念的艺术家们，都向往着一个这样的社会：这里人们专注于自己的艺术，希望自己的创造能够服务于广大的社会阶层，每个人都有自己的艺术精神与创作实践。因此，包豪斯主义不仅是一种设计与教学理念，似乎更是一种人人向往的理想社会。

## 极简之美

20 世纪以前，建筑形式往往受到技术限制，并伴随着社会宗教文化色彩而存在。当钢铁和玻璃广泛应用于建筑之前，受到西方艺术不时涌现对自然模仿的审美意象的影响，建筑往往附庸繁杂的装饰，并且体量巨大。也只有当新的结构技术和材料被大量正确使用时，建筑才能真正焕发全新的生机。

　　"我希望你们能明白，建筑与形式的创造无关。"

路德维希·密斯·凡·德·罗（Ludwig Mies van der Rohe，1886—1969，图 5-5）在包豪斯执教期间，曾这样对学生说。实际上，密斯并未接受过正规的建筑学教育，而自小随父学习石匠技艺的经历使他对材料性质和施工技艺有着独特的情结；后期跟随贝伦斯一同工作的经历，又为他埋下了现代主义的种子。密斯能够将建筑的完整性与简洁的结构体系完美结合是极为大胆的。他甚至将建筑结构几乎完全裸露，用通透的玻璃幕墙凸显建筑的雅致与高贵，将建筑精简到了极致，同传统建筑决裂，探求新建筑原则和手法，因为他坚持"少就是多"的建筑哲学。他认为建筑设计必须满足时代现实与功能的需要，主张简化形式，而高度功能化和理性化，运用极简的建筑语言，关注简洁的建筑造型和多元的空间，反对装饰化的建筑。他通过结构体系与结构构件简化，以净化建筑形式的方式，精确施工，使建筑成为不具有任何瑕疵而只由直线、直角组成的严整、纯净的"玻璃"盒子。

密斯应用简洁精确的建筑处理手法，不光设计精致，施工要

图 5-5

路德维希·密斯·凡·德·罗

求极其严格，讲求建筑材料的高度精致，突出现代工业生产能够达到的新的美观效果。他主张钢框架建筑采用全玻璃的外墙以显示新型结构的特色，创造了"玻璃摩天楼"。他设计建造的纽约西格拉姆大厦（1954—1958 年）显示出这种效果；包铜皮的精细骨架和大片玻璃幕墙映照出周围建筑和天空，明快而高雅。密斯的这些独创的手法，20 世纪五六十年代曾在全世界广泛流行，被称作"密斯风格"，或者"国际风格"，成为风靡全世界的"现代主义标准建筑"。

在当时，"少就是多"代表的是严谨与理性。"少"不是空白而是极简，"多"不是附庸而是完美。这与东方追求"大音希声，大象希形，古道崇简，于象于形，于情于景"悠闲怡然的情景，虽有不同，却也不谋而合（图 5-6）。

随着时代的进步，"少即是多"所追求的极简之美甚至成为一种生活追求，去除不必要的装饰，保留核心元素至简升华，演绎极简主义的精神内涵，成为现代人认同的所谓"高级审美"（图 5-7）。

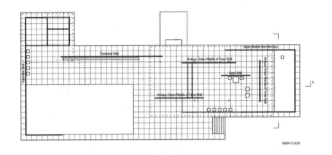

图 5-6

密斯·凡·德·罗：巴塞罗那德国馆。
上：平面图；下：外观

图 5-7

密斯·凡·德·罗：伊利诺伊工学院建筑馆

## 粗野之美

　　艺术的表现有时似乎和本质有背离的倾向，比如现代主义建筑本身追求的就是工业化背景下的效率与精致，进入现代主义盛期，西方建筑界出现了更真实、更本质的艺术追求。柯布西耶倡导的高效率、真实化的建筑理念受到了欧洲城市的青睐。建筑师从钢筋混凝土等材料中寻找答案，并将其粗糙的本质作为一种审美表达，这本是建筑艺术创作的一种态度，因其表达方式直接甚至有些粗犷，被人后来冠以"粗野主义"的称谓。粗野之美通常体现在对于裸露的、粗糙的、原始的混凝土效果的直接表达，显示了一种原始、自然、质朴的美感。粗野主义之所以经常以粗大朴素的混凝土作为表达元素，源自包豪斯对于材料本质表达的追求，在进入钢筋混凝土时代后，混凝土是建筑最主要的结构材料，建筑整体则利用突出建筑结构来体现自身雄伟的体量。柯布西耶践行这种自然朴素直接的表达方式，一改他本人早期作品中对理性的几何造型和纯粹的白色装饰的追求，表现出一种更加粗犷和多元的建筑倾向，利用混凝土的原始气息结合自然与人文逐渐走向神秘的诗性世界。

　　勒·柯布西耶（Le Corbusier，1887—1965）是现代主义建筑的开创者和先行者之一，20世纪最著名的建筑大师、城市规划家（图5-8）。他艺术成就广泛，不仅是现代主义建筑的主要倡导者，机器美学的重要奠基人，被称为"现代建筑的旗手"，是功能主义建筑的泰斗，被称为"功能主义之父"。他还是一位在世界范围颇具影响力的画家、雕塑家、作家。1923年，柯布西耶发表《走向新建筑》，宣扬现代主义是一种几何精神，一种构筑精神与综合精神，提出"房屋是居住的机器"。

图 5-8

勒·柯布西耶

　　柯布西耶的建筑思想可分为两个阶段：20 世纪 50 年代以前
是合理主义、功能主义和国家样式的主要领袖，以 1929 年的萨
伏伊别墅和 1945 年的马赛公寓为代表，许多建筑结构承重墙被
钢筋水泥取代，而且建筑往往腾空于地面之上；20 世纪 50 年代
以后柯布西耶转向表现主义、后现代主义，朗香教堂以其富有表
现力的雕塑感和独特的形式使建筑界为之震惊，完全背离了早期
古典的语汇，这是现代人所建造的最令人难忘的建筑之一，成为
"粗野主义"的经典代表。

　　备受争议的马赛公寓是柯布西耶对粗野主义和模数制的早
期探索，在过分追求物理性的功能主义中忽略了人们对建筑本
身的心理需求，使得马赛公寓的设计理念显得有些脱离实际。
但是在建筑手法上，柯布西耶选择在拆除现浇模板后，将粗糙
的混凝土质感直接裸露，拒绝以粉饰来追求完美，就像没有彻

底完工而保持了材质的原真，给建筑留下了不修边幅的粗野感
（图 5-9）。

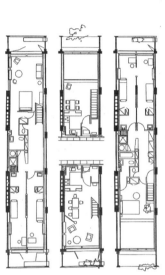

图 5-9

柯布西耶：马赛公寓。
左：户型平面图；右上：外观；右下：建筑底部；下：建筑顶部

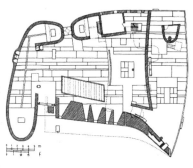

柯布西耶：朗香教堂。
左上：外观；左下：室内；右：平面图　　图5-10

　　在此之后，朗香教堂的设计更是以其不规则的几何美感，为这座山顶教堂披上了神秘的浪漫主义外衣。而此时，理性主义已经不再是柯布的主导思想，将建筑赋予诗性体现了他艺术家的浪漫。柯布将这座教堂视作可以聆听上帝声音的耳朵，采用更为自由的建筑表现拉进上帝与信徒的关系。而尖角和曲线的黑色屋顶却并不为追求造像的独特感，反而仍具备排水的实际功能，与墙体间刻意留下的缝隙，使得原本厚重的屋顶变得轻盈，也可以使日光进入室内（图5-10）。建筑外墙仍然保留了混凝土粗糙的肌理，并在厚重的墙体上布置了室外开口小、室内开口大且不规则不直的窗口，室内仿佛掏空的山洞一般，结合倾斜的地面将视线聚焦于圣坛，为教堂营造了别样的神秘感。其实，柯布西耶后期的诸多表现并不意味着他已经背离了理性主义原则和早期的基本建筑形式，模数制、粗野主义以及复杂曲线的"听觉期间"等设计语言都只是对他早期建筑理论——

新建筑五点——的全新尝试。

## 田园之美

> "建筑应该是自然的，要成为自然的一部分。"
>
> ——弗兰克·劳埃德·赖特

现代建筑一个非常重要的成就是解决了大城市高密度的空间需求问题。与此同时，人类的栖居环境并不是单一的高密度城市能够解决的。在人与自然的关系方面，现代主义建筑师同样进行了尝试实践。人类在自我栖居环境方面，不同地域、不同时代的人们有着相似的梦想，那就是从陶渊明时代就已经在描绘的田园生活的诗意场景，这种回归田园的梦想超越了任何追逐效率的方式，是人类建筑审美的终极归宿，具有全世界普遍的相似性。

弗兰克·劳埃德·赖特（Frank Lloyd Wright,1867—1959），1867年出生于美国威斯康星州，广袤大地的成长环境让他从小就体悟到大自然，感受到劳动、动手的价值，感悟到蕴藏于四季的生命的真谛（图5-11）。他崇尚自然，他认为"一个建筑应该看起来是从那里成长出来的，并且与周围的环境和谐一致"，追求让建筑来于自然，融入自然，以天然的材料，营造有机的、诗意的空间。

赖特的一生经历了一个摸索建立空间意义和它的表达，从由实体转向空间，从静态空间到流动和连续空间，再发展到四度的序列展开的动态空间，最后达到戏剧性的空间的过程。布鲁诺·塞维如此评价赖特的贡献："有机建筑空间充满着动态，方位诱导，透视和生动明朗的创造，动态是创造性的，因为其目的不在于追

图 5-11

弗兰克·劳埃德·赖特

求耀眼的视觉效果，而是寻求表现生活在其中人的活动本身。"终其一生，赖特最为后人瞩目的是他的草原式住宅思想和实践。赖特的草原住宅是人类舒适栖居的理想形态，并运用技术手段让建筑空间和自然景观融为一体。这样，居室就在自然的怀抱之中。他认为：我们的建筑如果有生命力，它就应该反映今天这里更为生动的人类状况。建筑就是人类受关注之处，人本性更高的表达形式，因此，建筑基本上是人类文献中最伟大的记录，也是时代、地域和人的最忠实的记录。

　　"只有当一切都是局部对整体如同整体对局部一样时，我们才可以说有机体是一个活的东西，这种在任何动植物中可以发现的关系是有机生命的本……我在这里提出所谓的有机建筑就是人类精神活的边线，活的建筑，这样的建筑当然而且必须是人类社会生活的真实写照，这种活的建筑是现代新的整体。"

——弗兰克·劳埃德·赖特

　　赖特这种"活"的建筑观念使建筑师摆脱了固有形式的束缚，强调以天然的木材、石材结合人的使用和情感需求，像自然一样去创造与基地环境相协调的建筑。根据使用者、地形、气候、文化、技术、材料等条件的不同情况，采取相应对策，最终取得达成自然的结果，而非是武断的、强加的固定形式。

　　赖特提出"有机建筑"的理念，更强调建筑物的内部空间是建筑的主体，建筑体似生命体，有产生、发展、生长的内在逻辑，他试图借助建筑结构的可塑性和连续性去塑造建筑的整体性。赖特作品在结构中取消明确分界的梁柱结构，应用悬臂结构，使空间的内外延伸成为可能。赖特的建筑作品中充满了自然的气息和艺术的美丽，他热衷于对自然材料的运用，并且有着自己独到的简洁。他认为，"*每一种材料都有自己的语言……每一种材料都有自己的故事*"，因为材料本身也具备其相应的视觉肌理和触觉，其外在表现的材质美感是可以使人获得某种审美愉悦的。比如，赖特认为木材是最具人情味的材质，木纹从曲到直，层次渐变回转，人们都愿意亲近和接触它。

　　赖特的建筑语言中始终追求一种简洁的表达形式，他十分赞许日本禅宗中对"净"的崇拜，所以他也更主张在艺术上消除无意义的东西，从而使一切事物返璞归真、更加自然有机，建筑师可以用建筑本身去诠释对建筑、自然与文化的理解（图 5-12）。

## 后现代主义与现代主义之后

　　二次世界大战以后，科技革命迅猛发展，社会加速变迁，人类社会进入一个全新的发展阶段，美国、西欧和日本等资本主义国家先后由工业社会进入后工业时代。建筑师在工业革命与信息

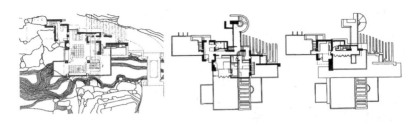

图 5-12

弗兰克·劳埃德·赖特代表作品。
上:流水别墅平面图;左下:流水别墅外观;右下:罗比住宅

革命的社会变革下,继续探求符合相应社会背景的建筑创作,而建筑师则在不同的社会、经济、技术与文化背景的影响下,负担起符合时代发展的建筑创作,开辟了一条独具个人特色的创作之路。在第一代建筑大师之后,涌现了一批优秀的建筑师经历继承创新、多元探索和理性回归阶段之后,在建筑创作中表现出了浓郁的时代气息,赢得世人青睐。

## 继承创新

　　20 世纪 20~50 年代,现代主义建筑仍是世界建筑创作的主流;50~70 年代,现代主义建筑在美国和部分西欧国家进入盛期,成为战后的国际主义建筑风格,在世界建筑发展中占有重要的地位。随后出现为人所熟知的飞利浦·约翰逊、理查德·迈耶、路易斯·康、贝聿铭、丹下健三为代表的第二代建筑大师。他们深受现代主义建筑思想的浸染，也深深感受到现代主义在全世界建筑实践中存在的问题，在不断尝试修正和探索的过程中，建筑风格逐渐向多元化方向发展。

现代主义的建筑强调功能是设计的核心目的，讲求建筑设计的科学性、实用性与经济性，因此在建筑造型上往往采用相对简洁的几何造型，反对附加装饰，形成了具有工业化特征的机械美学。现代主义反对复古，强调新功能、新技术，真正意义上实现了艺术与技术的双重结合。而在此之后的第二代建筑师的表现则更像是对二战前的现代主义建筑在新时代背景下的全新尝试。建筑师以其独具创造性的建筑语言，走出了在国际建筑风格盛行下的独特的建筑之路，开创了崭新的建筑审美境界。

以飞利浦·约翰逊（1906—2005）、路易斯·康（1901—1974）为代表的建筑师，致力于将传统美学法则融入现代建筑的材料与结构中，创造规整、端正与典雅的艺术美感，甚至是仪式感。因理查德医学研究楼而声名鹊起的路易斯·康对主次分明的集中式构图，将几何形体做到极致演绎，体现一种建筑的仪式感。譬如，坐落于美国加利福年亚洲拉霍亚附近海域崖岸上的萨尔克生物研究所（图5-13），面向太平洋一侧开窗，以提供良好的观赏石胶，结合内部功能，在外在形式上创造出独特的建筑韵律，对称的轴线与几何形式创造了独特的仪式感。正同文艺复兴时期的达·芬奇与伯拉孟特对后世的影响，他的建筑创作堪称建筑构图的历史教科书。

"当你建造一座建筑物的时候，你就是创造了一个生命，它会跟你谈天。"

——路易斯·康

图 5-13

路易斯·康：萨尔克生物研究所

　　落成于1971年的新罕布什尔州埃克斯特学院图书馆（图 5-14），以砖砌的表面和严谨排列的窗洞，协同周边古典主义环境的气息，以戏剧性的手法解释了隐藏于传统构造表象背后的现代主义本质。上下贯通的巨大正方形采光天井，以粗犷的钢筋混凝土和极简的几何形体充分表达了建筑空间的原始魅力与纪念性，如同诉说着与世人倾诉的欲望。

　　理查德·迈耶（1934—　　）不仅在几何形体上延续了现代主义时期的建筑语言，由于受到风格派与柯布西耶的建筑思想的影响，他进一步将建筑形式演绎为一种强烈的秩序感，对白色的偏爱与对形式的把握使其将建筑与场地环境建立有机联系，使建筑获得独特的优雅与诗意。位于美国康涅狄格州达瑞安海滨的史密斯住宅（图 5-15），建筑形式纯净，细部干净利落，大片纯净的玻璃与框架成为室内外明确的界限，却悄然成为整座建筑的框景，

图 5-14

理查德·迈耶：埃克斯特学院图书馆，1945 年

图 5-15

理查德·迈耶：史密斯住宅，1967 年

将纯净的建筑空间、体量和阳光下的立体主义构图演绎为一幅独特的风景画。

　　同样对几何形体有着独到见解的贝聿铭（1917—2019），在建筑创作中则传达出了他对新时代建筑的独到见解。美国国家美术馆东馆（图 5-16）被认为是公众生活与艺术间联系日益密切的

图 5-16

贝聿铭：美国国家美术馆东馆，1978 年

象征。他以三角形的平面布局，创造了一个以功能、形式和环境完美结合的极简形体，将美国国会大厦、道路、草坪与西馆关系协调统一，获得了国际建筑界的一致好评。毫无疑问，美国国家美术馆东馆是贝聿铭先生设计生涯的巅峰之作，他坚持走在现代主义的道路之上，在建筑空间与形式的复杂关系中，极力协调建筑与环境的关系，也确立了他在第二代建筑师中的重要地位。

## 多元探索

20 世纪 70 年代至 20 世纪后期，世界建筑创作进入新多元化时期，呈现多元、共生的倾向。现代主义过于功利化、通用化的创作方法逐渐被社会所反感，甚至引发了巨大的社会反思思潮，都在不约而同地呼唤新的创作方法。在这种背景下，一批崭新思想下的新浪潮不断涌现。譬如，以罗伯特·文丘里（1925—2018）为代表的后现代主义、以阿尔多·罗西（1931—1997）为代表的新理性主义和以弗兰克·盖里（1929—　）为代表的解构主义等，当然，诸如，槙文彦（1928—　）、克里斯蒂安·德·鲍赞巴克（1944—　）等人仍坚守着现代主义建筑的阵地，并不断探索。

20 世纪 60 年代初，在后现代主义逐渐获得广泛认可的同时，罗伯特·文丘里在现代主义建筑的基础上，力求改变其简单、单调而缺乏人情味的一面，倡导后现代主义建筑，以赋予现代建筑全新的生命力。

自 20 世纪 70 年代起，现代建筑日渐国际化的同时，却也带来了建筑文化趋于单一化、缺乏地域精神的弊端，新乡土倾向在建筑界开始被广泛关注。阿尔瓦罗·西扎（1933—　）、斯维勒·费恩（1924—　）等人试图将建筑设计融入特定的地域环境中，从场地自然条件、传统习俗以及都市文脉等角度思考建筑创新，强调建筑的地域性，从而使其在特定环境中获得归属感。波诺瓦茶室（图 5-17）是西扎早期的作品，整个建筑体量与屋顶形式相呼应，俨然一座由满布岩石的海岬自然生长而成，以弯曲的平面布局顺应地势。而建筑空间中多样的门窗开口，则增强了室内与景观互动的联系。暖红色的板瓦、木窗的装饰、白色的粉墙均源自于地中海传统建筑，亦无不体现了他对葡萄牙传统建筑的探求。

事实上，自 20 世纪 50 年代末，科技进步带来的新材料、新技术和新结构的发展给予建筑师更多的创作空间，伴随着全新的审美观念。譬如前文所提及丹下健三（1913—2005）设计的山梨文化会馆便是其中的代表之作，而伦佐·皮亚诺（1937—　）、诺曼·福斯特（1935—　）爵士亦在通过希望技术手段解决建筑的生态之路上不懈努力，并极力推崇将现代技术与历史文化相结合，以高技术传达人文情感从而软化建筑技术的理性侧面。而这一时期的突出代表是由伦佐·皮亚诺和理查德·罗杰斯（1933—　）

图 5-17

阿尔瓦罗·西扎：波诺瓦茶室，1961 年

担任设计的乔治·蓬皮杜国家艺术文化中心。建筑将自动扶梯以及各类钢架、管道等作为装饰，而巨大的梁柱构件和桁架结构连同各类设备管道等无一例外地暴露在外，以显眼的颜色区分，成为建筑的最大亮点。而建筑中所采用的设备与构件均在工厂预制，易于组装和拆卸，既迎合了高科技在信息社会背景下的导向，亦完成了西方社会对审美的最新期待。

　　直至 20 世纪 80 年代之后，后现代主义建筑发展渐微，弗兰克·盖里对传统的建筑艺术提出反抗与挑战，试图通过解构主义的思想方式打破自包豪斯以来的现代主义建筑倾向，为焕发人性的自由与解放，不断探索更新的建筑设计（图 5-18、图 5-19）。

　　当然，人们亦从未将现代主义遗忘，槙文彦、安藤忠雄（1941—　）、克里斯蒂安·德·鲍赞巴克等人，在他们的建筑设计中将现代主义与传统结合，创造出了不少经典之作。如今享誉

图 5-18

弗兰克·盖里：维特拉设计博物馆，1989 年

图 5-19

弗兰克·盖里：毕尔巴鄂古根海姆博物馆，1991 年

国际的安藤忠雄可谓日本建筑界的"另类"，拳击手出身、完全自学成才、对建筑的独到理解……都构成了安藤传奇故事的一部分，但在建筑追求、意境追求上，安藤却正可谓是日本传统文化的传承者和发扬者。禅、禅宗、日本的茶道、枯山水、宗教的神秘性都是安藤忠雄作品给人的感受。安藤忠雄认为，建筑之力必

须适应于自然之力，建筑的目的永远是创造一种能让建筑之力和自然之力在矛盾之中共生的环境。

"我确信，建筑必须面对根本性的问题，必须给予个体的想象以空间，并且应充分考虑人、生活、历史、传统和气候。我们应该创造这样的建筑空间，使得人们在其中如同在诗歌和音乐中一样，体验到惊奇、发现、智慧的启迪以及生活的宁静与欢乐。"

——安藤忠雄

安藤的建筑实用而富有灵性的空间营造体现了建筑的本性，使建筑从本质回归自然，实现人类"诗意的空间"，这种以朴为美的场所精神折射了禅宗文化"无念为宗"的真谛。同时，安藤建筑中光影的变化、风雨的变幻、空寂中见流动、流动中见空寂，均以"象外之象，意外之意"表现了对时间和生命的敏感，试图触摸人类精神根源的深远空间，刹那即永恒，仿佛让人体会到禅悟的最高境界（图5-20、图5-21）。

图5-20

安藤忠雄：水之教堂，1988年

图 5-21

安藤忠雄：真言宗本福寺水御堂，1991 年

## 理性回归

进入 21 世纪以后，建筑师将建筑设计在现代主义建筑的基础上不断探索，发展新现代建筑，实则是一种现代主义建筑的重生涅槃。此时，人类社会面临的最大问题是如何协调建筑与自然环境间的关系，一些对建筑生态发展与可持续性长期关注的格伦·马库特（1936—　）、理查德·罗杰斯等人逐步获得社会和学界的认可。他们在建筑设计中倡导可持续发展战略，重视生态原则，倡导建筑全寿命周期资源的可循环利用，让建筑对人类社会的资源消耗控制在合理适度的范围内，建筑必须生长在所在地域的经济、技术与社会条件，使建筑与生态环境、自然环境、社会环境取得深入广泛的协调。

法兰克福商业银行总部大楼（图 5-22）是由诺曼·福斯特设计的世界第一座高层生态建筑。建筑平面为等边三角形，塔楼部分的办公空间围绕三角形中庭布置，并且每隔 8 层布置一个高达 4 层的空中花园，每边 3 组错落排列。而中庭空间与空中花园为

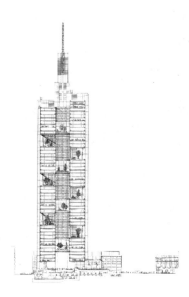

图 5-22

诺曼·福斯特代表作品。

左：法兰克福商业银行总部大厦，1997 年；右：法兰克福商业银行总部大厦剖面

办公人员提供了良好的办公环境和景观，同时为每间办公室提供自然通风。而这些开放空间，最大限度地满足了建筑的通风与自然采光，将建筑的能耗降到最低，以节约运营成本和能耗。整栋大楼以自动化感光感温系统获得室内光照、温度、通风等系数和指标，随时进行相应调整，除非少数严寒或酷热天气，整栋大楼无需空调设备。

而伴随着理性的回归，在对社会经济、建筑技术与社会条件等方面关注的同时，简约的审美倾向再一次成为建筑领域的新风尚。妹岛和世（1956—    ）被日本评论界称为是从小通过电视、录像等媒介培养出来的一代建筑师，有着与前人不同的空间认知。她深受其老师的影响，在承袭了伊东丰雄的轻快飘逸的同时，又增加富于感情的建筑美感，别具细致和精致的女性气息（图 5-23）。当然这种简约亦不再局限于对建筑几何形体构型的单纯理解，譬

图 5-23

妹岛和世：金泽 21 世纪美术馆，2004 年

如，国家体育场（鸟巢）的设计者雅克·赫尔佐格（1950—　）
与皮埃尔·德·梅隆（1950—　）就试图将建筑创作与建筑建造艺
术的本原联系起来，而这种简约风格绝不是简单重现现代主义思
想，而是将新的建筑思想融入现代美学与不同地域文化中，并不
断创新，在简约背后包含着超越现代主义建筑的丰富性与复杂性。

在这一时期的另一位杰出女性代表——扎哈·哈迪德
（1950—2016）的作品则反映了在新的时代背景下，传统与现代、
全球性与地域性等多文化背景下交流与共存的建筑特征。她更关
注建筑与城市环境的协调整合，并以新的流动空间实现对现代主
义建筑的时代性诠释和创新。扎哈·哈迪德的成名之路是艰辛的，
她对几何曲线的奇思妙想几近疯狂，以至于在 41 岁之前，她的
不少作品也只能平静地停留在草图与电脑画面之中，甚至一度被

图5-24

扎哈·哈迪德：广州歌剧院，2010年

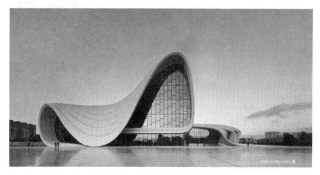

图5-25

扎哈·哈迪德：阿利耶夫文化中心，2013年

认为是纸上谈兵的建筑师。从饱受非议，被罗伯特·亚当尖锐地批评"空间在哈迪德手中就像橡胶泥一样，只是满足她孩子一样的玩兴"，到受媒体追捧，被称为"当今建筑界的畅销品标签"，这一路见证了一位伟大的理性主义者和时代勇敢的挑战者的争议与掌声。毫无疑问，广州歌剧院（图5-24）、北京望京SOHO、上海凌空SOHO都已经成为重要的城市地标。由其事务所设计的盖达尔·阿利耶夫文化中心（图5-25）展现了一种流体外形，由地理地形自然延伸堆叠而出的建筑形态，盘卷出各个独立功能空

间。所有功能空间与出入口，均通过单一、连续的建筑表面，以流线的堆叠有机连接各独立功能区，并以不同的褶皱赋予每个功能区高度的视觉识别和空间区隔。

实际上，对扎哈最直接的影响仍是伦敦的建筑联盟学院，它继承了建筑图像派的传统，如彼得·库克（Peter Cook，1936—　）、雷姆库哈斯（Rem Koolhaas，1944—　）、伯纳德·屈米（Bernard Tschumi，1944—　）、奥雷·舍人（Ole Scheeren，1971—　）一辈建筑师，将他们对令人震撼的现代世界的感知转化为建筑作品的主题与造形艺术，勇于作为全新的现代主义者，不管是楚米的趣味狂笑、库克的宣示性，还是库哈斯的神秘拼贴，他们都在不断尝试捕捉变化的能量，企图为现代性提出新视点。21世纪前后，建筑审美在回归理性的道路上，不断表现出一种社会化的时代精神，库哈斯对当代建筑现象进行考察并作出预测，他的建筑作品因出于社会需求的理性考虑而创作。汤姆·梅恩（1944—　）、理查德·罗杰斯则越来越重视建筑与社会的关联性，突破了以往建筑只为少数权贵服务和单一化的形式，并转向为大众服务的多元化形式。而扎哈则是在关注建筑与城市协调整合的过程中，以新的流动线条实现了对现代主义建筑的具有时代性的诠释和创新。

# 图片来源

第一章：

图 1-1：左上：http：//bbs.photofans.cn/blog-56379-95857.html；右上：（英）史蒂芬·法辛.艺术通史 [M].杨凌峰译.北京：中央编译出版社，2012：176；左下：源自网络；右下：http：//k.sina.com.cn/article_5868159085_15dc5006d027008ig9.html

图 1-2：左上、右上：（英）史蒂芬·法辛.艺术通史 [M].杨凌峰译.北京：中央编译出版社，2012：158-159，50；左下：https：//theme.npm.edu.tw/selection/Article.aspx?sNo=04001041&sNo=04001041；中：源自网络；右下：方建勋，杨谔编著.书法赏析 [M].苏州：苏州大学出版社，2012：115.

图 1-3：源自网络

图 1-4：左上：源自网络；右上：https：//you.ctrip.com/sight/australia100048/13607-dianping-p22.html；下：（英）史蒂芬·法辛.艺术通史 [M].杨凌峰译.北京：中央编译出版社，2012：316.

图 1-5：https：//you.ctrip.com/sight/australia100048/13607-dianping-p22.html

图 1-6：（英）史蒂芬·法辛.艺术通史 [M].杨凌峰译.北京：中央编译出版社，2012：484.

图 1-7：源自网络

图 1-8：左上：http：//www.sohu.com/a/225150309_190140；右上：http：//blog.sina.com.cn/s/blog_4d93c2f90102x80j.html；左中：贡布里希.艺术的故事 [M].南宁：广西美术出版社，2015：484；右中：https：//www.thepaper.cn/newsDetail_forward_1640959；左下：

（英）史蒂芬·法辛. 艺术通史 [M]. 杨凌峰译. 北京：中央编译出版社，2012：412；右下：http://meiyu.ndcnc.gov.cn/imageDetail.do?resourceId=4827

图 1-9：http://www.rmzxb.com.cn/c/2017-11-07/1862307.shtml

图 1-10：https://mobile.zcool.com.cn/work/ZMjIyODQwNDg=.html

图 1-11、图 1-12：（英）史蒂芬·法辛. 艺术通史 [M]. 杨凌峰译. 北京：中央编译出版社，2012：434，446.

图 1-13：谢海龙，《希望工程》大眼睛的小女孩

图 1-14：https://ny.curbed.com/2019/3/15/18267713/hudson-yards-vessel-thomas-heatherwick-photos

图 1-15：故宫博物院编. 宋代花鸟画珍赏（960-1279）[M]. 北京：故宫出版社，2014：60.

图 1-16：（英）史蒂芬·法辛. 艺术通史 [M]. 杨凌峰译. 北京：中央编译出版社，2012：174.

图 1-17：http://blog.sina.com.cn/s/blog_14b3d4d590102x70a.html

图 1-18：左上：https://www.sayfamous.cn/celebrity/philosopher/237562121629689.html；左下：https://zh.wikipedia.org/wiki/庄子；右：http://www.360doc.com/content/15/1223/19/19519242_522595244.shtml

图 1-19：左：闻晓菁，严丽娜，刘靖坤编. 景观设计史图说 [M]. 北京：化学工业出版社：2016；右：http://www.naic.org.cn/html/2017/ylzs_0915/21556.html

图 1-20：左：蒋勋著. 写给大家的西方美术史 [M]. 长沙：湖南美术出版社，2013：90；右：蒋文光主编. 中国历代名画鉴赏（上册）[M]. 金盾出版社，2004：790.

图 1-21：左：https://www.youtube.com/watch?v=3ebYvMC12HI；右：http://you.ctrip.com/travels/hue667/2838449.html

图 1-22：http：//www.zjjs.gov.cn/n17/n26/n44/n48/c370164/content.
html

第二章：

图 2-1：https：//mostre.sba.unifi.it/tesori-inesplorati/en/226/the-ten-books-on-architecture

图 2-2：左：https：//en.wikipedia.org/wiki/Notre-Dame_de_Paris#/media/
File：Notre_Dame_de_Paris_DSC_0846w.jpg；右：https：//www.pinter-est.com/pin/418623727836479066/

图 2-3：http：//pmgs.kongfz.com/detail/3_96230

图 2-4：刘松茯著．外国建筑历史图说 [M]．北京：中国建筑工业出版社，2008：265.

图 2-5：http://www.cafa.com.cn/news/huge_images/20179191120160.jpg

图 2-6：http：//map.baidu.com/detail?third_party=seo&qt=ninf&uid=
9aa2590d1bdd32f0f6e73b19&detail=life

图 2-7：作者自绘

图 2-8：https：//www.pinterest.com/pin/802344489834979484/

图 2-9：https：//www.dezeen.com/2016/07/29/jim-stephenson-pho-tography-eero-saarinen-mit-chapel-massachusetts-usa/

图 2-10：左：http：//www.uncubemagazine.com/blog/10272227；右：
（英）史蒂芬·法辛．艺术通史 [M]．杨凌峰译．北京：中央编译出版社，2012：406.

图 2-11：http：//www.ouhua.info/2016/1114/9765.html

图 2-12：https：//www.etangs-corot.com/en/offre/decouvrir-versailles-en-2-jours/

图 2-13：http：//www.tiancijc.com/hangyexinwen/611.html

图 2-14：源自网络

图 2-15：https：//www.russianartandculture.com/cfp-summer-university-bricolage-and-counterculture-at-centre-pompidou-paris-june-23-july-2-2016/

图 2-16：左：源自网络；右：http：//www.sohu.com/a/191471933_613241

图 2-17：侯幼彬，李婉贞著.中国古代建筑历史图说 [M].北京：中国建筑工业出版社，2002：164，161.

图 2-18：http：//www.onlyadayaway.com/taj-mahal-at-sunrise/

图 2-19：左：*The power of limited*；右：源自网络

图 2-20：https：//gs.ctrip.com/html5/you/travels/1/1037284.html

图 2-21：左：http：//huaban.com/pins/858680790/；右：http：//huaban.com/pins/858680451/

图 2-22：张克贵，崔瑾.太和殿三百年 [M].科学出版社，2015:49.

图 2-23：左：https：//www.vcg.com/creative/806326674；右：http：//blog.sina.com.cn/s/blog_71d00f1b0100xkzu.html

图 2-24：https：//www.diyitui.com/content-1449807129.36492132.html

图 2-25：https：//futurism.com/19073

图 2-26：左 上：https：//colosseumrometickets.com/arch-of-constantine/；右上：https：//www.architecturaldigest.com/gallery/best-gothic-cathedrals；左下：http：//pczy.org/ 中国古代宫殿内部图 /；右下：https：//www.cntraveler.com/stories/2015-04-23/there-is-a-secret-apartment-at-the-top-of-the-eiffel-tower

图 2-27：https：//mobile.zcool.com.cn/work/ZMjI3Mjk0Mjg=.html

图 2-28：http：//www.tukuchina.cn/r/photo/view/id/235563816716/

图 2-29：左上：https：//culturebox.francetvinfo.fr/livres/jeunesse/gallica-dabra-la-bibliotheque-；右上：http：//www.som.com/china/projects/poly_corporation_headquarters；左 下：http：//www.archcollege.com/archcol-

lege/2017/10/37334.html 右 下：https：//zh.wikipedia.org/wiki/ 上 海 环
球金融中心

图 2-30：源自网络；右上：https：//www.bilibili.com/tag/2745707；左下：
https：//thegate12.com/cn/article/%EF%BC%92；右 下：http：//www.
archiposition.com/items/20180525113919

图 2-31：左上：https：//www.klook.com/zh-CN/activity/7706-great-
opera-hits-at-sydney-opera-house-sydney/；右 上：https：//www.archi-
tecturaldigest.com/gallery/santiago-calatrava-architecture；下：https：//
www.archdaily.cn/cn/778981/ha-er-bin-ge-ju-yuan-madjian-zhu-shi-
wu-suo

图 2-32：左上：刘松茯著．外国建筑历史图说 [M]．北京：中国建筑
工业出版社，2008：211；右上：https：//en.wikipedia.org/wiki/Bar-
celona_Pavilion；左下：源自网络；右下：https：//www.mydesy.com/
tadao-ando


第三章：

图 3-1：陈志华．外国建筑史（19 世纪末叶以前）[M]．中国建筑工
业出版，2010：3.

图 3-2：侯幼彬，李婉贞著．中国古代建筑历史图说 [M]．北京：中
国建筑工业出版社，2002：32.

图 3-3：刘松茯著．外国建筑历史图说 [M]．北京：中国建筑工业出
版社，2008：31.

图 3-4：作者自摄

图 3-5：https：//www.bmwunstoppable.com/listings/parthenon-athens-
greece/

图 3-6：作者自绘

图 3-7：左：https：//tapluan.wordpress.com/2014/01/01/the-classical-

orders-the-flexibile-and-rigid-systems/；中：https：//tapluan.wordpress.
com/2014/01/01/the-classical-orders-the-flexibile-and-rigid-systems/；
右：https：//tapluan.wordpress.com/2014/01/01/the-classical-orders-
the-flexibile-and-rigid-systems/

图 3-8：左：侯幼彬，李婉贞著. 中国古代建筑历史图说 [M]. 北京：
中国建筑工业出版社，2002：15；右：伊东忠太. 中国建筑史 [M].
北京：中国画报出版社，2016：48.

图 3-9：左：蒋勋著. 写给大家的西方美术史 [M]. 长沙：湖南美术
出版社，2013：28；右：百度百科

图 3-10：侯幼彬，李婉贞著. 中国古代建筑历史图说 [M]. 北京：
中国建筑工业出版社，2002：8.

图 3-11：左上：http：//www.sohu.com/a/279391772_304509；左下：
https：//westcoastsightseeing.com/attractions/dr-sun-yat-sen-classical-
chinese-garden/；右：http：//andonglaowang.blog.163.com/blog/static/
844875322013827957383 22/?ignoreua；

图 3-12：侯幼彬，李婉贞著. 中国古代建筑历史图说 [M]. 北京：
中国建筑工业出版社，2002：22.

图 3-13：　左：http：//www.whkly2011.com/news_35.html；　右：http：//
img2.ph.126.net/isIIpG0HLOZgsOtQr8eEEQ══/6630349784607300002.jpg

**第四章：**

图 4-1：王贵祥. 消逝的辉煌 [M]. 北京：清华大学出版社，2017.

图 4-2：http：//davidsbeenhere.com/2016/09/20/roman-ruins-in-rome-
italy/

图 4-3：左上：https：//www.acrossrome.com/shore-excursion/tours/
rome/；左下：作者自摄；右：刘松茯著. 外国建筑历史图说 [M]. 北京：
中国建筑工业出版社，2008：49.

图 4-4：左上、右上：陈志华．外国建筑史（19 世纪末叶以前）[M]．北京：中国建筑工业出版，2010：79；左下、右下：作者自摄

图 4-5：左上、右上：侯幼彬，李婉贞著．中国古代建筑历史图说 [M]．北京：中国建筑工业出版社，2002：138；左下：http://weme-dia.ifeng.com/55721870/wemedia.shtml；右下：https://www.alamy.com/stock-photo-china-beijing-temple-of-heaven-or-tiantan-interior-of-the-hall-of-39609491.html

图 4-6：左：https://colosseumrometickets.com/trajans-forum/#group-6；右：https://www.flickr.com/photos/garyullah/15049614427

图 4-7、图 4-8：伊东忠太．中国建筑史 [M]．北京：中国画报出版社，2016：57，48.

图 4-9：侯幼彬，李婉贞著．中国古代建筑历史图说 [M]．北京：中国建筑工业出版社，2002：42.

图 4-10：https://www.researchgate.net/figure/Plan-view-of-the-Tow-er-of-Pisa_fig1_237381038

图 4-11：刘松茯著．外国建筑历史图说 [M]．北京：中国建筑工业出版社，2008：41.

图 4-12、图 4-13：侯幼彬，李婉贞著．中国古代建筑历史图说 [M]．北京：中国建筑工业出版社，2002：37，65.

图 4-14：伊东忠太．中国建筑史 [M]．北京：中国画报出版社，2016：64.

图 4-15：刘松茯著．外国建筑历史图说 [M]．北京：中国建筑工业出版社，2008：64.

图 4-16：左上：刘松茯著．外国建筑历史图说 [M]．北京：中国建筑工业出版社，2008：65；右上：侯幼彬，李婉贞著．中国古代建筑历史图说 [M]．北京：中国建筑工业出版社，2002：29；下：https://www.vcg.com/creative/1002562971

图 4-17：百度百科

图 4-18：http：//www.sohu.com/a/100332868_146308

图 4-19：http：//www.sohu.com/a/120769683_220478

图 4-20：左：http：//www.whkly2011.com/news_35.html；
右：闻晓菁，严丽娜，刘靖坤编 . 景观设计史图说 [M]. 北京：化学工业出版社，2016：80.

图 4-21：左：闻晓菁，严丽娜，刘清坤编 . 景观设计史图说 [M].北京：化学工业出版社，2016:143；右：https：//philippe.bougeret.fr/album/index304.php

图 4-22：左：http：//www.lovethesepics.com/2011/03/21-stunning-superbly-serene-chinese-gardens/；右：闻晓菁，严丽娜，刘靖坤编 . 景观设计史图说 [M]. 北京：化学工业出版社：2016：107.

图 4-23：左：http：//ssl.panoramio.com/photo/78916880；右：https：//cn.depositphotos.com/46974315/stock-photo-ornaments-on-the-wall-of.html

图 4-24：左：https：//new.qq.com/cmsn/20171204/20171204013060
右：http：//www.huitu.com/photo/show/20170606/070650020060.html

图 4-25：https：//archnet.org/sites/3828/media_contents/129525

图 4-26：左：http：//www.jksjd.com/Article/snhpdmzbls_1.html；右：http：//www.quanjing.com/imgbuy/ul1288-7201.html

图 4-27：https：//www.reddit.com/r/france/comments/aeg9ep/les_projets_abandonn%C3%A9s_de_paris_la_restauration/

图 4-28：侯幼彬，李婉贞著 . 中国古代建筑历史图说 [M]. 北京：中国建筑工业出版社，2002：41.

图 4-29：上：https：//upload.wikimedia.org/wikipedia/commons/9/9f/Milan_Cathedral_IG_602.jpg；左下：https：//www.alamy.com/stock-photo-famous-milan-cathedral-with-shadow-on-piazza-in-milan-italy-graphic-135531012.html；右下：刘松茯著．外国建筑历史图说 [M]．北京：中国建筑工业出版社，2008：91.

图 4-30、图 4-31：侯幼彬，李婉贞著．中国古代建筑历史图说 [M]．北京：中国建筑工业出版社，2002：71，72.

图 4-32：左：闻晓菁，严丽娜，刘靖坤编．景观设计史图说 [M]．北京：化学工业出版社：2016：83；右：源自网络

图 4-33：http：//www.chinawutaishan.cn

图 4-34：刘松茯著．外国建筑历史图说 [M]．北京：中国建筑工业出版社，2008：78.

图 4-35：左上：https：//www.pinterest.com/pin/286471226266771869；右上：http：//libaowang.org/view/2/9745dfede0bc40c7ad7e046eaf2370df.html；左下、右下：刘松茯著．外国建筑历史图说 [M]．北京：中国建筑工业出版社，2008：101.

图 4-36：梁思成．图像中国建筑史 [M]．北京：生活．读书．新知三联书店，2014.


第五章：

图 5-1、图 5-2：刘松茯著．外国建筑历史图说 [M]．北京：中国建筑工业出版社，2008：193，194.

图 5-3：https：//www.dezeen.com/2018/11/05/bauhaus-dessau-school-building-walter-gropius-germany-architecture/

图 5-4：何人可．工业设计史 [M]．北京：高等教育出版社，2000：124-126.

图 5-5：http：//www.archcollege.com/archcollege/2018/8/41574.html?app=1&travel_fm=Index&a=details&id=41574

图 5-6：上：刘松茯著．外国建筑历史图说 [M]．北京：中国建筑

工业出版社，2008：198；下：https：//en.wikipedia.org/wiki/Barce-lona_Pavilion

图 5-7：http：//www.mateo-arquitectura.com/about-my-work/

图 5-8：http：//www.archcollege.com/archcollege/2015/8/20367.html

图 5-9：左：刘松茯著．外国建筑历史图说 [M]．北京：中国建筑工业出版社，2008：209；右上：http：//www.archiposition.com/travels/20180525102117；右下：http：//www.archiposition.com/items/20180525102750；下：http：//www.archiposition.com/travels/20180525102117

图 5-10：左上、右：刘松茯著．外国建筑历史图说 [M]．北京：中国建筑工业出版社，2008：211，210；左下：http：//jianzhubang.com/weixin/34638

图 5-11：http：//www.sohu.com/a/163966804_668085

图 5-12 上、左下：刘松茯著．外国建筑历史图说 [M]．北京：中国建筑工业出版社．2008：216；右下：https：//chicago.curbed.com/2017/3/28/15095880/robie-house-frank-lloyd-wright-happy-hour-chicago

图 5-13：https：//archinect.com/news/article/150015237/the-getty-completes-major-renovation-project-of-kahn-s-salk-institute

图 5-14：https：//divisare.com/projects/304785-louis-kahn-xavier-de-jaureguiberry-library-at-phillips-exeter-academy#lg=1&slide=2

图 5-15：https：//www.archdaily.com/889769/ad-classics-smith-house-richard-meier-and-partners

图 5-16：http：//mfbranksspatial200.blogspot.com/2015/05/the-louvre-paris.html

图 5-17：https：//www.tripadvisor.com/Restaurant_Review-g1066094-d1506760-Reviews-Restaurante_Casa_de_Cha_da_Boa_Nova-Leca_da_Palmeira_Porto_District_Northern_Por.html

图 5-18：http：//grandtour.myswitzerland.com/lightboxes/bsl/zh__ pop_basel-kunst_musikdosen.html

图 5-19：http：//www.ouhua.info/2016/1114/9765.html

图 5-20：https：//www.mydesy.com/tadao-ando

图 5-21：https：//www.pinterest.com/pin/298082069066141287/

图 5-22：左：http：//www.sohu.com/a/122684520_411310；右：https：//www.architectural-review.com/essays/the-big-rethink-part-2-farewell-to-modernism-and-modernity-too/8625733.article

图 5-23：http：//architecturalmoleskine.blogspot.com/2012/05/sanaa-21st-century-museum-kanazawa.html

图 5-24：https：//archello.com/project/guangzhou-opera-house

图 5-25：http://archgo.com/index.php?option=com_content&view=article&id=1894：heydar-aliyev-center-zaha-hadid-architects&catid=81：activity-center

# 参考文献

[1] 陈志华著.外国建筑史（19世纪末叶以前）[M].北京：中国建筑工业出版社，2010.

[2] 贡布里希.艺术的故事 [M].南宁：广西美术出版社，2015.

[3] 关野贞.中国古代建筑与艺术 [M].北京：中国画报出版社，2016.

[4] 汉宝德著.东西建筑十讲 [M].北京：生活·读书·新知三联书店，2016.

[5] 郝圣恩著.艺术概论 [M].沈阳：辽宁美术出版社，2017.

[6] 何人可著.工业设计史 [M].北京：高等教育出版社，2000.

[7] 侯幼彬，李婉贞著.中国古代建筑历史图说 [M].北京：中国建筑工业出版社，2002.

[8] 蒋勋著.写给大家的西方美术史 [M].长沙：湖南美术出版社，2013.

[9] 刘松茯著.外国建筑历史图说 [M].北京：中国建筑工业出版社，2008.

[10] 李泽厚著.华夏美学·美学四讲 [M].北京：生活·读书·新知三联书店，2008.

[11] 李泽厚著.美的历程 [M].北京：生活·读书·新知三联书店，2008.

[12] 梁思成著.梁 [M].北京：中国青年出版社，2014.

[13] 刘道广著.中西艺术文化背景比较 [M].南京：江苏凤凰美术出版社，2015.

[14] 罗小夫，蔡婉瑛著.外国建筑历史图说（古代-十八世纪）[M].上海：同济大学出版社，2006.

[15] 罗小未.外国近现代建筑史 [M].北京：中国建筑工业出版社，2011.

[16] 罗小未主编.外国近现代建筑史 [M].北京：中国建筑工业出版社，

2004.

[17]　帕特里克·弗兰克.艺术形式 [M].北京:中国人民大学出版社,2016.

[18]　闻晓菁,严丽娜,刘靖坤编.景观设计史图说 [M].北京:化学工业出版社,2016.

[19]　潘谷西著.中国建筑史 [M].北京:中国建筑工业出版社,2014.

[20]　彭吉象著.艺术学概论 [M].北京:北京大学出版社,2011.

[21]　彭吉象著.中国艺术学 [M].北京:北京大学出版社,2014.

[22]　日本建筑学会编.东洋建筑史图集 [M].彰国社,1995.

[23]　日本建筑学会编.西洋建筑史图集 [M].彰国社,2000.

[24]　[英] 史蒂芬·法辛.艺术通史 [M].杨凌峰译.北京:中央编译出版社,2012.

[25]　王建国著.城市设计 [M].南京:东南大学出版社,2011.

[26]　吴耀东.日本现代建筑 [M].天津科学技术出版社,1997.

[27]　徐守珩著.当代建筑先锋之策异质共生 [M].北京:机械工业出版社,2016.

[28]　伊东忠太著.中国建筑史 [M].北京:中国画报出版社,2016.

[29]　张夫也著.外国工艺美术史 [M].高等教育出版社,2011.

[30]　张祖刚编著.世界园林史图说 [M].北京:中国建筑工业出版社,2012.

[31]　周维权.中国古典园林史 [M].清华大学出版社,2008.

[32]　朱淳著.景观建筑史 [M].济南:山东美术出版社,2011.

[33]　朱光潜著.谈美 [M].北京:中国青年出版社,2011.

[34]　朱涛著.梁思成与他的时代 [M].桂林:广西师范大学出版社,2014.

[35]　宗白华著.美学散步 [M].上海人民出版社,2016.

# 后记

探讨建筑之美并不是一个简单的话题。

体验建筑的感受教会了人们品评建筑，生活的经验给了每个人对于建筑的审美观，评价标准也因此因人而异、不一而同。同时，建筑又是一个高度专业化的行业，每个作品背后都有其诞生的逻辑和存在的理由，建筑作品的成长如同建筑鉴赏的成熟一样需要历练和升华。然而专业领域的建筑与大众口味的建筑在审美价值和评价标准方面往往颇有不同，甚至南辕北辙。建筑行业内外似乎有着一个无形的壁垒，彼此的跨越都需要改变的勇气和相互包容的境界。

中国建筑学会科普委员会为本书付梓付出巨大的组织工作；顾勇新前副秘书长为建筑科普工作奔走呼吁，才使得这套面向大众的建筑科普丛书得以面世；清华大学建筑设计研究院的李鲲等同事给予本书大力协助，谨致谢忱！

二〇一九清明
记于北京悦山书舍

图书在版编目（CIP）数据

建筑之美 / 祁斌著. —北京：中国建筑工业出版社，
2019.5

（建筑科普丛书）

ISBN 978-7-112-21845-5

Ⅰ.①建… Ⅱ.①祁… Ⅲ.①建筑美学 Ⅳ.① TU-80

中国版本图书馆CIP数据核字（2019）第077677号


责任编辑：李　东　陈海娇
责任校对：芦欣甜

建筑科普丛书
中国建筑学会　主编

**建筑之美**

祁　斌　著
　　　　＊
中国建筑工业出版社出版、发行（北京海淀三里河路9号）
各地新华书店、建筑书店经销
北京点击世代文化传媒有限公司制版
北京京华铭诚工贸有限公司印刷
　　　　＊
开本：880×1230毫米　1/32　印张：6¾　字数：163千字
2019年5月第一版　2019年5月第一次印刷
定价：30.00 元
ISBN 978-7-112-21845-5
　　　　（33937）